成人教育/网络教育系列规划教材

Cailiao Lixue

材 料 力 学

主　编　税国双

副主编　邹翠荣

主　审　许留旺

人民交通出版社

内 容 提 要

　　本书根据教育部高等学校力学教学指导委员会力学基础课程教学指导分委员会制定的"材料力学课程教学基本要求"编写。全书内容包括绪论、轴向拉伸与压缩、扭转、弯曲内力分析、弯曲应力分析、弯曲变形分析、应力状态与强度理论、组合变形以及压杆的稳定性问题。内容编排上,本书注重基本概念的介绍,并提供了大量与工程有关的例题和习题,便于读者自学,也便于教师针对不同的学时选择不同的教学内容。

　　本书可作为高等院校土木类、机械类专业的材料力学课程教学用书,也可作为相关专业高职、高专及成人教育的材料力学参考用书。

图书在版编目(CIP)数据

材料力学 / 税国双主编. -- 北京 : 人民交通出版
社,2015.6
　ISBN 978-7-114-11261-4

　Ⅰ.①材… Ⅱ.①税… Ⅲ.①材料力学—高等学校—
教材 Ⅳ.①TB301

　中国版本图书馆 CIP 数据核字(2014)第 045523 号

成人教育/网络教育系列规划教材

书　　名:材料力学
著 作 者:税国双
责任编辑:王　霞　温鹏飞
出版发行:人民交通出版社
地　　址:(100011)北京市朝阳区安定门外外馆斜街 3 号
网　　址:http://www.ccpress.com.cn
销售电话:(010)59757973
总 经 销:人民交通出版社发行部
经　　销:各地新华书店
印　　刷:北京鑫正大印刷有限公司
开　　本:880×1230　1/16
印　　张:12.75
字　　数:320 千
版　　次:2015 年 6 月　第 1 版
印　　次:2015 年 6 月　第 1 次印刷
书　　号:ISBN 978-7-114-11261-4
定　　价:32.00 元
(有印刷、装订质量问题的图书由本社负责调换)

成人教育/网络教育教学资源及教材建设
专家委员会

出版说明

随着社会和经济的发展,个人的从业和在职能力要求在不断提高,使个人的终身学习成为必然。个人通过成人教育、网络教育等方式进行在职学习,提升自身的专业知识水平和能力,同时获得学历层次的提升,成为一个有效的途径。

当前,我国成人教育、网络教育的学生多以在职学习为主,学习模式以自学为主、面授为辅,具有其独特的学习特点。在教学中使用的教材也大多是借用普通高等教育相关专业全日制学历教育学生使用的教材,因为二者的生源背景、教学定位、教学模式完全不同,所以带来极大的不适用,教学效果欠佳。总的来说,目前的成人教育及网络教育,尚未建立起成熟的适合该层次学生特点的教材及相关教学服务产品体系,教材建设是一个比较薄弱的环节。因此,建立一套适合其教育定位、特点和教学模式的有特色的高品质教材,非常必要和迫切。

《国家中长期教育改革和发展规划纲要(2010—2020 年)》。和《国家教育事业发展第十二个五年规划》都指出,要加大投入力度,加快发展继续教育。在国家的总体方针指导下,为推进我国成人教育及网络教育的发展,提高其教育教学质量,人民交通出版社特联合一批高等院校的继续教育学院和相关专业院系,成立了"成人及网络教育系列规划教材专家委员会",组织各高等院校长期从事成人及网络教育教学的专家和学者,编写出版一批高品质教材。

本套规划教材及教学服务产品包括:纸质教材、多媒体教学课件、题库、辅导用书以及网络教学资源,为成人及网络教育提供全方位、立体化的服务,并具有如下特点:

(1)系统性。在以往职业教育中注重以"点"和"实操技能"教育的基础上,在专业知识体系的全面性、系统性上进行提升。

(2)简明性。该层次教育的目的是注重培养应用型人才,与全日制学历教育相比,教材要相应地降低理论深度,以提供基本的知识体系为目的,"简明","够用"即可。

(3)实用性。学生以在职学习为主,因此要能帮助其提高自身工作能力和加强理论联系实际解决问题的能力,讲求"实用性",同时。教材在内容编排上更适合自学。

作为从我国成人及网络教育实际情况出发,而编写出版的专门的全国性通用教材,本套教材主要供成人及网络教育土建类专业学生教学使用,同时还可供普通高等院校相关专业的师生作为参考书和社会人员进修或自学使用,也可作为自学考试参考用书。

本套教材的编写出版如有不当之处,敬请广大师生不吝指正,以使本套教材日臻完善。

人民交通出版社

成人教育/网络教育教学资源及教材建设专家委员会

2012 年年底

前　言

　　材料力学研究物体变形和内部受力,以及由此而引起的强度、刚度和稳定问题。通过学习材料力学,不仅能使人们懂得日常生产和生活中所发生的各种现象,而且对于分析和解决建筑工程、机械制造、水利工程、电力工程、石油与化学工程、核反应堆工程以及航空与宇航等工程问题都有着非常重要的实际意义。因此,材料力学是这些工程科学的基础。通过研究构件在轴向拉伸或压缩、剪切、扭转和弯曲基本变形下的强度和刚度以及压杆的稳定性问题,逐步将研究内容由简单应力状态推广到复杂应力状态,由基本变形推广到组合变形,由静载问题推广到动载和疲劳问题。

　　材料力学以高等数学和理论力学为基础,是结构力学、弹性力学和机械设计等其他技术基础课和专业课的基础。在本书的编写中,通过介绍解决杆件的强度、刚度和稳定性等力学问题的技能,旨在培养学生将工程实际问题提炼成力学问题(即力学建模)的能力。本书理论联系实际、深入浅出、通俗易懂,可作为大专院校相关专业学生的教材,也可作为成人教育教材和工程技术人员的参考书。为了让读者更快地掌握最基本的知识,在概念、原理的叙述方面作了一些改进:一方面从提出问题、分析问题和解决问题等方面作了比较详尽的论述与讨论;另一方面通过较多的例题分析,特别是新增加了关于一些重要概念的例题分析。

　　本书由北京交通大学税国双主编,北京交通大学邹翠荣任副主编,西南交通大学许留旺主审。具体分工:第一、六、七、八、九章、附录由税国双编写,第二、三、四、五章由邹翠荣编写,全书由税国双统稿。

　　本书在编写过程中,参考了大量有关书籍,在此表示真诚的感谢。由于编者水平和经验有限,编写时间紧张,书中难免有错漏之处,敬请广大读者批评指正。

编　者
2015 年 3 月

自 学 指 导

课程性质:本课程是土木类、机械类专业必修的专业基础课之一,主要研究物体变形和内部受力,以及由此而引起的强度、刚度和稳定问题。

课程的地位和作用:材料力学以高等数学和理论力学为基础,是结构力学、弹性力学和机械设计等其他技术基础课和专业课的基础。材料力学课程的主要任务是培养学生树立正确的设计思想,理论联系实际,解决好经济与安全的矛盾,具备创新精神;全面系统地了解构件的受力变形、破坏的规律;掌握有关构件设计计算的基本概念、基本理论、基本方法及其在工程中的应用。在满足强度、刚度、稳定性的前提下,以最经济的代价,为构件选择合适的形状,设计合理的界面形状和尺寸,为设计提供设计计算依据。材料力学是变形固体力学入门的学科基础课,用以培养学生在工程设计中有关力学方面的设计计算能力。以理论分析为基础,培养学生的实验动手能力,发挥其他课程不可替代的综合素质教育作用。

学习目的与要求:材料力学是一门技术基础课,它不仅为学习专业课程打下坚实的理论基础,而且为工程构件的设计提供必要的理论基础和计算方法。因此,通过本课程的学习,要求学生能较熟练地进行受力分析,培养学生对结构的受力情况、稳定情况,对构件的强度、刚度和稳定性的问题,具有明确的基本概念、必要的基础知识、比较熟练的计算能力和初步的实验分析能力。

学习方法:为了学好本课程,首先要具有正确的学习目的和态度。在学习中要多做多练、踏踏实实、虚心求教、持之以恒。分析和解题过程,既是应用基本概念、基本理论和基本方法的过程,又是加深理解的过程。解题前应当对有关的基本概念、基本理论和基本方法有比较全面和正确的认识。解题时,首先要弄清已知条件是什么,要求的是什么,分析的问题属于什么性质;其次,根据问题的性质,分析解决这类问题需要应用哪些基本概念和基本理论;最后,在上述分析的基础上归纳出解题过程与步骤,算出所需的结果;最后,还需要应用有关的概念和理论去判断和检查所得结果是否正确。

目　录

第一章 DIYIZHANG
绪 论

本章导读

本章将介绍材料力学的任务、研究对象、研究的基本方法以及材料力学课程的特点。在材料力学中,由于材料力学主要研究内容之一是变形体受力后发生的变形,研究的对象是杆件。因此,本章还将介绍变形固体的基本假设,杆件变形的基本形式,受力杆件中的应力和应变等重要的概念。

学习目标

1. 正确理解关于弹性体理想化的几个基本假定;
2. 正确理解弹性体受力与变形的特点;
3. 掌握杆件的几种基本变形形式;
4. 掌握应力与应变的概念。

学习重点

1. 杆件的几种基本变形形式;
2. 应力与应变的概念。

学习难点

应力与应变的概念。

本章学习计划

内　　容	建议自学时间 （学时）	学　习　建　议	学　习　记　录
第一节　材料力学的任务	0.5	通过阅读教材内容,了解材料力学的任务是什么,变形固体的基本假设有哪些,杆件变形的基本形式有几种,应力与应变是如何定义的	
第二节　变形固体的基本假设	0.5		
第三节　杆件变形的基本形式	0.5		
第四节　应力与应变	0.5		

第一节 材料力学的任务

材料力学主要研究变形体受力后发生的变形,以及由于变形而产生的附加内力,讨论由此而产生的失效以及控制失效的准则。工程中有各种各样的结构或机器,不管其结构复杂程度如何,它们都是由一个个元件(或零件)组成的,例如组成工程结构的部件:梁、板、柱和承重墙等。组成结构的元件或机器的零件统称为构件。结构或机器工作时,构件将承受一定的荷载,为保证结构或机器在荷载作用下能够正常工作,这就要求组成结构和机器的每一个构件也能正常工作,所以必须对构件进行设计,即选择合适的尺寸和材料,使之满足一定的要求。这些要求是:**强度、刚度和稳定性**。

强度是构件在承受荷载时抵抗破坏的能力。**刚度**是构件在承受荷载时抵抗变形的能力。**稳定性**是构件在承受荷载时,能保持原有的平衡状态的能力。

从上述三点来看,构件能否安全、正常地工作,就是要考察构件是否具备足够的强度、刚度和稳定性。材料力学就是通过强度、刚度和稳定性等相关力学知识,对构件承载能力进行校核、设计等工作。

如果构件的强度、刚度和稳定性达不到使用要求,或者荷载超出了设计范围,则构件会出现断裂等破坏现象,这种由于材料的力学行为改变而使构件丧失正常功能(承载能力)的现象称为**失效**。

在力的作用下,物体的形状和尺寸将发生改变,这种改变称为**变形**。变形量不能忽略的物体,称为**变形体**。工程结构或机器中的零部件都是固体,而且形状各异,在研究构件的承载能力问题时,一律将它们视为变形体。材料力学所研究的构件多属于杆件。所谓的**杆件**是指纵向(长度方向)尺寸远比横向(垂直于长度方向)尺寸大得多的构件,比如,传动轴、梁和柱等均属杆件。

描述杆件的几何要素是横截面和轴线。**横截面**是指沿杆长度方向并与之相垂直的截面,**轴线**是指各横截面形心的连线,如图 1-1a)所示。轴线通过各横截面的形心并与横截面垂直。轴线为直线的杆称为**直杆**,轴线为曲线的杆称为**曲杆**。横截面尺寸沿轴线无变化的杆称为**等截面杆**,有变化的杆称为**变截面杆**。材料力学中所研究的杆件多数是等截面直杆,简称等直杆(图 1-1b)。

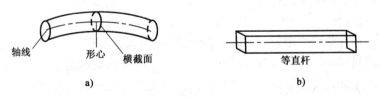

轴线　　形心　　横截面

a)　　　　　　　　　　等直杆

b)

图 1-1　曲杆与直杆

材料力学作为一门科学,一般认为是在 17 世纪开始建立的。此后,随着生产的发展,各国科学家对与构件有关的力学问题,进行了广泛深入的研究,使材料力学这门学科得到了长足的发展。长期以来,材料力学的概念、理论和方法已广泛应用于土木、水利、船舶与海洋、机械、化工、冶金、航空与航天等工程领域。计算机以及实验方法和设备的飞速发展和广泛应用,为材料力学的工程应用提供了强有力的手段。

第二节 变形固体的基本假设

固体在外力作用下所产生的物理现象是各种各样的,而每门学科仅从自身的特定目的出发去研究某一方面的问题。为了研究方便,常常需要舍弃那些与所研究的问题无关或关系不大的特征,而只保留主要的特征,将研究对象抽象成一种理想的模型。变形固体的组织构造及其物理性质是十分复杂的,为了抽象成理想的模型,通常对变形固体作出下列基本假设。

一、各向同性假定

假设材料在各个方向的力学性质都相同。金属材料由晶粒组成,单个晶粒的性质有方向性,但由于晶粒交错排列,从统计观点看,金属材料的力学性质可认为是各个方向相同的,例如铸钢、铸铁、铸铜等均可认为是各向同性材料。同样,像玻璃、塑料、混凝土等非金属材料也可认为是各向同性材料。但是,有些材料在不同方向具有不同的力学性质,如经过辗压的钢材、纤维整齐的木材以及冷扭的钢丝等,这些材料是各向异性材料。在材料力学中主要研究各向同性的材料。

二、均匀连续性假定

假设物体内部充满了物质,没有任何空隙,并且物体内各处的力学性质是完全相同。实际材料的微观结构并不是处处都是均匀连续的,但是,当所考察的物体几何尺度足够大,而且所考察的物体上的点都是宏观尺度上的点,则可以假定所考察的物体的全部体积内,材料在各处是均匀、连续分布的。这一假定称为均匀连续性假定。根据这一假定,物体内因受力和变形而产生的内力和位移都将是连续的,因而可以表示为各点坐标的连续函数,从而有利于建立相应的数学模型。所得到的理论结果便于应用于工程设计。

三、小变形假定

变形固体受外力作用后将产生变形。如果变形的大小较之物体原始尺寸小得多,这种变形称为**小变形**。材料力学所研究的构件,受力后所产生的变形大多是小变形。在小变形情况下,研究构件的平衡以及内部受力等问题时,均可不计这种小变形,而按构件的原始尺寸计算。

当变形固体所受外力不超过某一范围时,若除去外力,则变形可以完全消失,并恢复原有的形状和尺寸,这种性质称为**弹性**。若外力超过某一范围,则除去外力后,变形不会全部消失,其中能消失的变形称为**弹性变形**,不能消失的变形称为**塑性变形**,或残余变形、永久变形。对大多数的工程材料,当外力在一定的范围内时,所产生的变形完全是弹性的。对多数构件,要求在工作时只产生弹性变形。因此,在材料力学中,主要研究构件产生弹性变形的问题,即弹性范围内的问题。

第三节 杆件变形的基本形式

实际杆件的受力可以是各式各样的,但都可以归纳为几种基本受力和变形形式:轴向拉伸(或压缩)、剪切、扭转和弯曲,以及由两种或两种以上基本受力和变形形式叠加而成的组合受力与变形形式。

一、拉伸或压缩

当杆件两端承受沿轴线方向的拉力或压力荷载时,杆件将产生轴向伸长或压缩变形,分别如图1-2a)、b)所示。图中实线为变形前的位置;虚线为变形后的位置。

二、剪切

在平行于杆横截面的两个相距很近的平面内,方向相对地作用着两个横向力,当这两个力相互错动并保持两者之间的距离不变时,杆件将产生剪切变形,如图1-3所示。

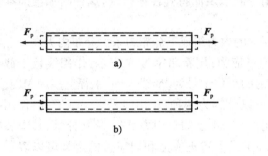

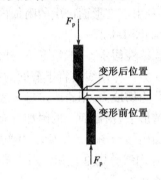

图1-2 承受拉伸与压缩的杆件　　　　图1-3 承受剪切的杆件

三、扭转

当作用在杆件上的力组成作用在垂直于杆轴平面内的力偶 M_e 时,杆件将产生扭转变形,即杆件的横截面绕其轴相互转动,如图1-4所示。

四、弯曲

当外加力偶 M(图1-5a)或外力作用于杆件的纵向平面内(图1-5b)时,杆件将发生弯曲变形,其轴线将变成曲线。

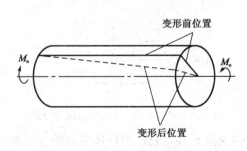

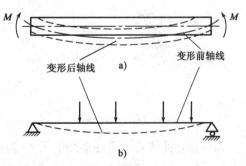

由上述基本受力形式中的两种或两种以上所共同形成的受力与变形形式即为组合受力与变形,例如图1-6所示之杆件的变形,即为拉伸与弯曲的组合(其中力偶 M 作用在纸平面内)。组合

图1-4 承受扭转的圆轴　　　　图1-5 承受弯曲的梁

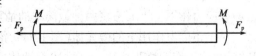

图1-6 组合受力的杆件

受力形式中,杆件将产生两种或两种以上的基本变形。

实际杆件的受力不管多么复杂,在一定的条件下,都可以简化为基本受力形式的组合。工程上将承受拉伸的杆件统称为**拉杆**,简称杆;受压杆件称为**压杆**或**柱**;承受扭转或主要承受扭转的杆件统称为**轴**;将承受弯曲的杆件统称为**梁**。

第四节 应力与应变

弹性体受力后,由于变形,其内部将产生相互作用的内力。这种内力不同于物体固有的内力,而是一种由于变形而产生的附加内力,利用一假想截面将弹性体截开,这种附加内力即可显示出来,如图 1-7 所示。

根据连续性假定,一般情形下,杆件横截面上的内力组成一分布力系。分布内力在一点的集度称为**应力**。作用线垂直于截面的应力称为**正应力**,用希腊字母 σ 表示;作用线位于截面内的应力称为**切应力**,用希腊字母 τ 表示。应力的单位记号为 Pa 或 MPa,工程上多用 MPa。

一般情形下,横截面上的附加分布内力总可以分解为两种:作用线垂直于截面的;作用线位于横截面内的。图 1-8 中所示为作用在微元面积 ΔA 上的总内力 ΔF_R 及其分量,其中 ΔF_N 和 ΔF_S 的作用线分别垂直和作用于横截面内。于是上述正应力和切应力的定义可以表示为下列极限表达式:

$$\sigma = \lim_{\Delta A \to 0} \frac{\Delta F_N}{\Delta A} \tag{1-1}$$

$$\tau = \lim_{\Delta A \to 0} \frac{\Delta F_S}{\Delta A} \tag{1-2}$$

需要指出的是,上述极限表达式的引入只是为了说明应力的概念,两者在应力计算中没有实际意义。

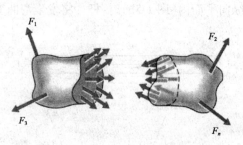

图 1-7 弹性体的分布内力

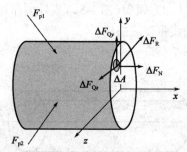

图 1-8 作用在微元面积上的内力及其分量

如果将弹性体看作由许多微单元体(简称微元体或微元)所组成,弹性体整体的变形则是所有微元体变形累加的结果;而单元体的变形则与作用在其上的应力有关。

围绕受力弹性体中的任意点截取微元体(通常为正六面体),一般情形下微元体的各个面上均有应力作用。下面考察两种最简单的情形,分别如图 1-9a)、b)所示。

对于正应力作用下的微元体(图 1-9a),沿着正应力方向和垂直于正应力方向将产生伸长和缩短,这种变形称为线变形。描述弹性体在各点处线变形程度的量,称为**线应变**,用 ε_x 表示。根据微元体变形前、后 x 方向长度 $\mathrm{d}x$ 的相对改变量,有

其中 dx 为变形前微元体在正应力作用方向的长度;du 为微元体变形后相距 dx 的两截面沿正应力方向的相对位移;ε_x 的下标 x 表示应变方向。

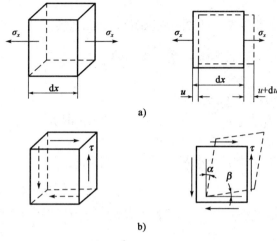

图 1-9 线应变与切应变

$$\varepsilon_x = \frac{du}{dx} \tag{1-3}$$

切应力作用下的微元体将发生剪切变形,剪切变形程度用微元体直角的改变量度量。微元体直角改变量称为**切应变**,用 γ 表示。在图 1-9b)中,$\gamma = \alpha + \beta$,γ 的单位为 rad。

关于正应力和正应变的正负号,一般约定:**拉应变为正;压应变为负**。产生拉应变的应力(拉应力)为正;产生压应变的应力(压应力)为负。关于切应力和切应变的正负号将在以后介绍。

对于工程中常用材料,实验结果表明:若在弹性范围内加载(应力小于某一极限值),对于只承受单方向正应力或承受切应力的微元体,正应力与正应变以及切应力与切应变之间存在着线性关系:

$$\sigma_x = E\varepsilon_x \quad 或 \quad \varepsilon_x = \frac{\sigma_x}{E} \tag{1-4}$$

$$\tau_x = G\gamma_x \quad 或 \quad \gamma_x = \frac{\tau_x}{G} \tag{1-5}$$

上述两式统称为**胡克定律**,式中,E 和 G 为与材料有关的弹性常数:E 称为材料的**弹性模量**;G 称为材料的**切变模量**。式(1-4)和式(1-5)即为描述线弹性材料物性关系的方程。

本 章 小 结

1. 材料力学研究的问题是构件的强度、刚度和稳定性。
2. 对材料所作的基本假设是:均匀性假设、连续性假设及各向同性假设。
3. 材料力学研究的构件主要是杆件。
4. 应力是分布内力的集度。

$$\sigma = \lim_{\Delta A \to 0} \frac{\Delta F_N}{\Delta A} = \frac{dF_N}{dA},$$

$$\tau = \lim_{\Delta A \to 0} \frac{\Delta F_S}{\Delta A} = \frac{dF_S}{dA}$$

5. 对于构件任一点的变形,只有线变形和角变形两种基本变形。

$$\dot{\varepsilon}_x = \frac{\mathrm{d}u}{\mathrm{d}x}$$

6. 杆件的几种基本变形形式是:拉伸(或压缩)、剪切、扭转以及弯曲。

思　考　题

1-1　什么是强度、刚度和稳定性?

1-2　材料力学的研究对象是什么? 对它们作了哪些假设?

1-3　杆件变形的基本形式有哪几种?

1-4　什么是应力? 应力与内力有何区别? 又有何联系?

1-5　什么是应变?

习　　题

1-1　如图 1-10 所示为一厂房结构示意图,试分析桥式吊车、吊车梁、屋架弦杆及柱会产生怎样的变形?

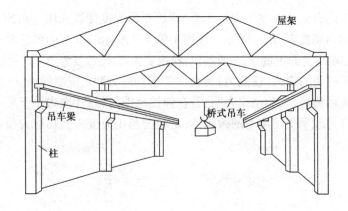

图 1-10　习题 1-1 图

1-2　如图 1-11 所示的三角形薄板,因受外力作用而变形,角点 B 垂直向上的位移为 0.03mm,但 AB 和 BC 仍保持为直线。试求沿 OB 的平均应变,并求 AB、BC 两边在 B 点的角度改变。

1-3　如图 1-12 所示的圆形薄板,半径为 R,变形后 R 的增量为 ΔR。若 $R = 80$mm,$\Delta R = 3 \times 10^{-3}$mm,试求沿半径方向和外圆圆周方向的平均应变。

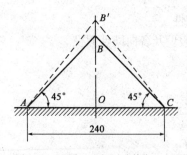

图 1-11　习题 1-2 图(尺寸单位:mm)

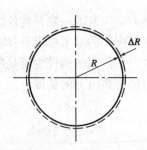

图 1-12　习题 1-3 图

第二章 DIERZHANG
轴向拉伸与压缩

本章导读

轴向拉压是杆件的基本变形之一。本章首先介绍轴向拉压杆件横截面上的轴力、应力以及轴向拉压杆件的变形。然后介绍拉、压时典型塑性材料和脆性材料的力学性能和一些重要性能指标及其实验测定方法。本章还介绍拉压杆件的强度、刚度问题和拉压杆连接件的强度计算。

学习目标

1. 掌握拉伸和压缩时杆件横截面上正应力的计算公式；
2. 掌握拉伸和压缩时杆件的变形计算公式；
3. 掌握拉伸和压缩时，杆件的强度条件，正确应用强度条件解决三类强度设计问题；
4. 了解两种典型材料拉伸与压缩时的应力—应变曲线、破坏现象以及特征指标；
5. 掌握连接构件的强度计算。

学习重点

1. 掌握拉伸和压缩时杆件横截面上正应力的计算公式；
2. 掌握拉伸和压缩时杆件的变形计算公式；
3. 掌握拉伸和压缩时，杆件的强度条件，正确应用强度条件解决三类强度设计问题。

学习难点

拉伸和压缩时，杆件的强度条件，正确应用强度条件解决三类强度设计问题。

本章学习计划

内　容	建议自学时间 （学时）	学 习 建 议	学 习 记 录
第一节　轴向拉压杆件的内力分析	1.0	求解拉压杆件的内力时,注意先画研究对象的受力图,然后列出平衡方程求解	
第二节　轴向拉压杆件的应力分析	1.0	注意根据应力的定义求解	
第三节　拉伸与压缩时材料的力学性能及强度条件	1.5	重点关注材料在拉伸与压缩过程中的几个变形阶段	
第四节　轴向拉压杆件的变形分析	1.0	计算轴向拉压杆件的变形时,应先计算轴力,并注意轴力的正负号	
第五节　连接构件的强度计算	1.0	注意挤压面和剪切面的区别	

第一节　轴向拉压杆件的内力分析

实际工程中,有许多轴向受拉(压)构件,例如图 2-1 所示的简易吊车,在外荷载 F 的作用下,AB 杆承受轴向压力,产生轴向压缩变形;BC 杆承受轴向拉力,产生轴向拉伸变形。这些杆件受力特点均为外力或其合力的作用线与杆件轴线重合;变形特点均为产生沿杆件轴线方向的伸长或压缩。这种变形形式称为轴向拉伸或压缩。

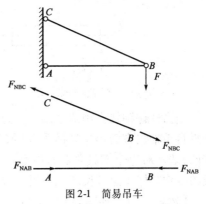

图 2-1　简易吊车

弹性体受外力作用后发生变形,其内部各点之间将发生相对位移,由于构件的物质组成是均匀且连续的,因而各点之间将产生相互作用力,这种作用力称为内力。由于内力因外力而起,所以内力与外力之间存在必然联系。内力与外力的关系利用截面法可以求得。首先在待求截面处用一个假想的 m-m 平面将构件切分为两部分,如图 2-2a)所示;然后将构件从截面处分开,取出其中一部分作为研究对象,进行受力分析,如图 2-2b)所示。构件原本是平衡体,用截面切开后的任何一部分仍保持平衡。在截面左侧部分,外力有 F_1 和 F_2,截面右侧部分外力有 F_3 和 F_4,两部分各自平衡,那么,在各自的截面上必有相应的作用力与外力保持平衡,截面上的作用力即为内力,它是由截面的一侧物体对另一侧物体产生的作用。根据均匀连续性假设,截面上每一点处都有内力,因此,各点处的内力组成了分布力系。根据作用与反作用定律可知,构件两部分截面上对应同一点处的内力为等值、反向的关系,因此,截面两侧的内力特点完全相同,取截面任何一侧研究都可以得到相同作用效应的内力。当受力分析完成后,对切开的平衡体进行平衡计算,即可求得截面的内力大小和方向。

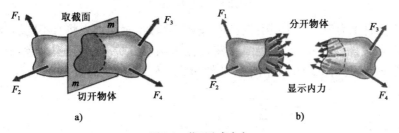

图 2-2　截面法求内力

现以图 2-3a)所示拉伸杆在外荷载 F 作用下为例,介绍任意横截面 m-m 上的内力的计算方法。沿横截面 m-m 假想地将杆件截成两部分 Ⅰ、Ⅱ,如图 2-3b)、c)所示。由于杆件整体是平衡的,所以,截取杆件任何一部分也应是平衡的。因此,横截面 m-m 上内力的合力 F_N 一定过该横截面的形心且与该横截面垂直。通常将这种过横截面形心且与该横截面垂直的内力称为轴力,用 F_N 表示。

轴力的大小可由平衡方程求得,轴力的符号可根据杆件的变形确定。通常规定:轴力方向离开横截面时杆件受拉,轴力为正,如图 2-3b)、c)所示截面 m-m 轴力。轴力方向指向横截面时杆件受压,轴力为负,如图 2-4 所示截面 m-m 轴力。

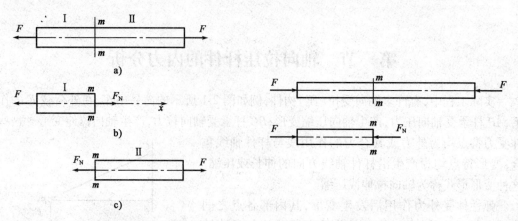

图 2-3 截面法求轴力   图 2-4 压杆的轴力

当沿杆件轴线作用两个以上外力时,杆件不同横截面上的轴力不尽相同。沿着杆件轴线和垂直于轴线方向建立坐标系,x 轴(沿杆轴线方向)表示各横截面位置,F_N 轴(垂直于杆轴线方向)表示对应个横截面上的轴力 F_N。这样由此得到的图线可直观的表示各横截面轴力沿轴线的变化规律。这种反映轴力沿轴线变化规律的图线称为轴力图。

【例题 2-1】 如图 2-5 所示,设一杆沿轴线同时受力 F_1,F_2,F_3 的作用,其作用点分别为 A、C、B,求杆 AC 和 BC 段的轴力。

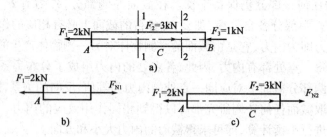

图 2-5 例题 2-1 图

【解】 由于杆上有三个外力,因此在 AC 段和 CB 段的横截面上将有不同的轴力。

(1)在 AC 段内的任意处以横截面 1-1 将杆截为两段,取左段为研究对象,将右段对左段的作用以内力 F_{N1} 代替(图 2-1b)。由平衡条件知 F_{N1} 必与杆的轴线重合,方向与 F_1 相反,为拉力,由平衡方程

$$\sum F_x = 0, F_{N1} - F_1 = 0$$

得

$$F_{N1} = F_1 = 2kN$$

这就是 AC 段内任一横截面上的内力。

(2)再在 CB 段内的任意处以横截面 2-2 将杆截开,仍取左段为研究对象。此时因截面 2-2 上内力 F_{N2} 的方向一时不易确定,可将 F_{N2} 先设为拉力,如图 2-1c)所示,再由平衡方程

$$\sum F_x = 0, F_{N2} - F_1 + F_2 = 0$$

得

$$F_{N2} = F_1 - F_2 = 2kN - 3kN = -1kN$$

计算结果中的负号说明,该截面上内力的方向应与假设的方向相反,即 F_{N2} 为压力,其值为 1kN。此即 CB 段内任一横截面上的内力。

以上的计算,都是选取左段为研究对象,如果选取右段为研究对象,仍可得到同样的结果。

【**例题 2-2**】 已知变截面直杆 ABC 受力如图 2-6a)所示,试作直杆 ABC 的轴力图。

【**解**】 该杆件除了在 A、B 两端作用外,还在中间 B 处有集中外力作用,所以 AB 和 BC 段杆的轴力不同,应分别利用截面法求解。在 AB 和 BC 段分别用假想的任意截面 1-1、2-2 将杆件截断,并假设所截开横截面上的轴力均为正,即为拉力,取如图 2-6b)、c)所示的研究对象。

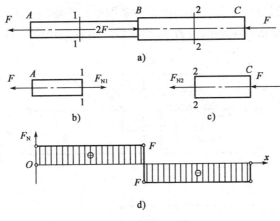

图 2-6 例题 2-2 图

如图 2-6b)所示的研究对象,应用平衡方程:

$$\sum F_x = 0, F_{N1} - F = 0$$

得杆 AB 段任意横截面上的轴力为:

$$F_{N1} = F$$

同理,如图 2-6c)所示的研究对象,应用平衡方程:

$$\sum F_x = 0, F_{N2} + F = 0$$

得杆 BC 段任意横截面上的轴力为:

$$F_{N2} = -F$$

根据上述计算结果,在 F_N-x 坐标系中绘制杆 ABC 的轴力图,如图 2-6d)所示。

【**例题 2-3**】 试求如图 2-7 所示各杆在截面1-1、2-2、3-3 上的轴力,并作轴力图。

【**解**】

(1)求各截面轴力

截面 1-1。由左段(图 2-7b)的平衡条件

$$\sum F_x = 0, F_{N1} = 0$$

截面 2-2。由左段(图 2-7c)的平衡条件

$$\sum F_x = 0, F_{N2} = 2F(拉)$$

截面 3-3。由左段(图 2-7d)的平衡条件

$$\sum F_x = 0, F_{N3} = 2F - F = F(拉)$$

(2)作轴力图

由所得各截面的轴力,可作杆的轴力图,如图 2-7e)所示。

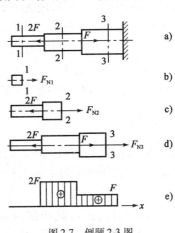

图 2-7 例题 2-3 图

第二节 轴向拉压杆件的应力分析

为了了解轴力在横截面上的分布情况,首先观察其变形情况。取一等直杆,如图2-8a)所示,为了便于观察杆件变形特征,先在杆表面作一系列平行于轴线的纵向线及垂直于轴线的横向线。然后在杆件两端施加一对轴向拉力 F,使杆件产生轴向拉伸变形。

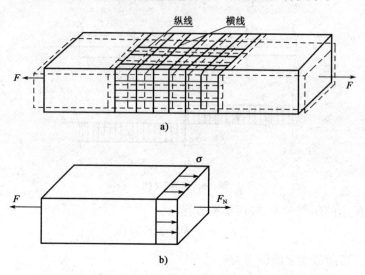

图2-8 轴向拉伸杆受力与变形关系

通过实验可以观察到如下现象:

(1)变形后各横线仍保持直线,任意两相邻横线沿轴线发生相对平移;

(2)变形后横线仍然垂直于纵线,纵线仍旧保持与轴线的平行。原矩形网格仍保持为矩形。

由变形后的情况可见,纵线仍为平行于轴线的直线,各横线仍为直线并垂直于轴线,但产生了平行移动。横线可以看成是横截面的周线,因此,根据横线的变形情况去推测杆内部的变形,可以作出如下假设:变形前为平面的横截面变形后仍为平面。这个假设称为**平面假设**。

若将杆件视为由无数纵向纤维组成的,通过实验现象(2)可知,杆件受拉时所有纵向纤维均匀伸长,可以得出在杆件横截面上各点处有相同的内力分布,即正应力 σ 在横截面上是均匀分布的,如图2-8b)所示。

若截面上轴力为 F_N,横截面面积为 A,则横截面上各点的正应力均为

$$\sigma = \frac{F_N}{A} \tag{2-1}$$

虽然式(2-1)是以轴向拉伸为例推导的,但对于轴向压缩同样适用。轴向拉伸时的正应力称为拉应力,轴向压缩时的正应力称为压应力。正应力的符号通常规定为:拉应力为正,压应力为负。

应当指出的是:在荷载作用点处,正应力均匀分布的结论在有些时候是不成立的。如图2-9所示,图2-9b)、c)、d)分别为图2-6a)所示矩形直杆横截面1-1、2-2、3-3 的正应力分布规律,近受力端的应力分布是不均匀的,但远离受力点后,应力分布逐渐趋于均匀。而且大量实验结果也表明,杆端加载方式的不同,只对杆端附近横截面上的应力分布有较大影响,受影响

的长度不超过杆的横向尺寸,上述结论称为**圣维南原理**。根据圣维南原理,构件拉(压)时除了荷载作用点附近的应力以外都可视为均匀分布,应力都由式(2-1)计算。

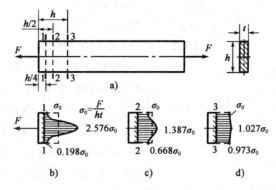

图 2-9 矩形直杆横截面的正应力

当构件的几何形状**不连续**,诸如开孔或截面突变等处,也会产生很高的局部应力。图 2-10a)中所示,为开孔板条承受轴向荷载时,通过孔中心线的截面上的应力分布。图 2-10b)所示为轴向加载的变宽度矩形截面板条,在宽度突变处截面上的应力分布。几何形状不连续处应力局部增大的现象,称为**应力集中**。

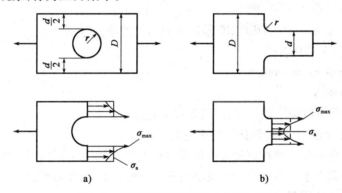

图 2-10 几何形状不连续处的应力集中现象

应力集中的程度用应力集中因数描述。应力集中处横截面上的应力最大值 σ_{max} 与不考虑应力集中时的应力值 σ_a(名义应力)之比,称为**应力集中因数**,用 K 表示

$$K = \frac{\sigma_{max}}{\sigma_a} \tag{2-2}$$

各种典型工况的应力集中因数,可从有关的设计手册中查得。试验结果表明,截面形状、尺寸变化越剧烈,应力集中现象就越严重,因此在机械加工时多采用圆角过渡,以降低应力集中的影响。不同性质的材料,对应力的敏感程度不同。

【**例题 2-4**】 起吊三角架如图 2-11 所示。已知 AB 杆由两根截面面积为 $10.86cm^2$ 的角钢制成,$P = 130kN$,$\alpha = 30°$。求 AB 杆横截面上的应力。

【**解**】 (1)计算 AB 杆内力

取节点 A 为研究对象,由平衡条件 $\sum F_y = 0$,得

$$F_{NAB}\sin30° = P$$

则

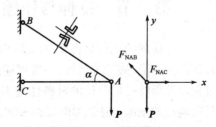

图 2-11 例题图 2-4 图

$$F_{NAB} = 2P = 260kN(拉力)$$

（2）计算 σ_{AB}

$$\sigma_{AB} = \frac{F_{NAB}}{A} = \frac{260 \times 10^3 N}{10.86 \times 2 \times 10^{-4} m^2}$$

$$= 119.7 \times 10^6 Pa = 119.7 MPa$$

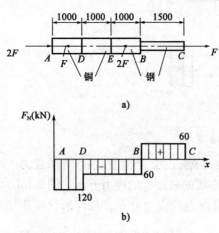

图 2-12 例题 2-5 图（尺寸单位：mm）

【例题 2-5】 如图 2-12a）所示变截面直杆的 *ADE* 段为铜制，*EBC* 段为钢制；在 *A*、*D*、*B*、*C* 等 4 处承受轴向荷载。已知：*ADEB* 段杆的横截面面积 $A_{AB} = 10 \times 10^2 mm^2$，*BC* 段杆的横截面面积 $A_{BC} = 5 \times 10^2 mm^2$；$F = 60kN$；各段杆的长度如图中所示，单位为 mm。试求直杆横截面上的绝对值最大的正应力。

【解】 （1）作轴力图

由于直杆上作用有 4 个轴向荷载，而且 *AB* 段与 *BC* 段杆横截面面积不相等，为了确定直杆横截面上的最大正应力，必须首先确定各段杆的横截面上的轴力。

应用截面法，可以确定 *AD*、*DEB*、*BC* 段杆横截面上的轴力分别为：

$$F_{NAD} = -2F_P = -120kN;$$

$$F_{NDE} = F_{NEB} = -F_P = -60kN;$$

$$F_{NBC} = F_P = 60kN。$$

于是，在 F_N-x 坐标系可以画出轴力图，如图 2-12b）所示。

（2）计算直杆横截面上绝对值最大的正应力

根据式（2-1），横截面上绝对值最大的正应力将发生在轴力绝对值最大的横截面，或者横截面面积最小的横截面上。本例中，*AD* 段轴力最大；*BC* 段横截面面积最小。所以，最大正应力将发生在这两段杆的横截面上

$$\sigma_{AD} = \frac{F_{NAD}}{A_{AD}} = -\frac{120kN \times 10^3}{10 \times 10^2 mm^2 \times 10^{-6}} = -120 \times 10^6 Pa = -120 MPa$$

$$\sigma_{BC} = \frac{F_{NBC}}{A_{BC}} = \frac{60kN \times 10^3}{5 \times 10^2 mm^2 \times 10^{-6}} = 120 \times 10^6 Pa = 120 MPa$$

于是，直杆中绝对值最大的正应力：

$$|\sigma|_{max} = |\sigma_{AD}| = \sigma_{BC} = 120 MPa$$

第三节 拉伸与压缩时材料的力学性能及强度条件

承受外荷载的构件是否安全取决于材料自身的力学性能。力学性能是指材料在外力作用下表现出的变形、破坏等特性，一般可通过试验测定。各个国家都制定了相应的标准来规范试验过程以获得统一的公认的材料性能参数，供构件设计和科学研究应用。比如我国的《金属材料室内拉伸试验方法》（GB 228—2002）。

进行拉伸实验，首先需要将被试验的材料按国家标准制成标准试样，如图 2-13a）所示。

然后将试样安装在试验机上,使试样承受轴向拉伸荷载。通过缓慢的加载过程,试验机自动记录下试样所受的荷载和变形,得到应力与应变的关系曲线,称为应力—应变曲线。

不同的材料,其应力—应变曲线有很大的差异。如图 2-13b)所示为典型的韧性材料(比如,低碳钢)的拉伸应力—应变曲线,如图 2-14 所示为典型的脆性材料(比如,铸铁)的拉伸应力—应变曲线。

通过分析拉伸应力—应变曲线,可以得到材料的若干力学性能指标。

一、弹性模量

应力—应变曲线中的直线段称为**线弹性阶段**,如图 2-13 所示曲线的 *OA* 部分。线弹性阶段中的应力与应变成正比,比例常数即为材料的弹性模量 *E*。对于大多数脆性材料,其应力—应变曲线上没有明显的直线段,如图 2-14 所示铸铁的应力—应变曲线即属此例。因为没有明显的直线部分,常用割线(图中虚线部分)的斜率作为这类材料的弹性模量,称为割线模量。

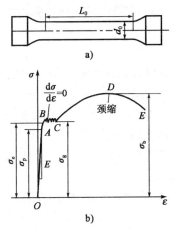

图 2-13 低碳钢试件及其的拉伸应力—应变曲线

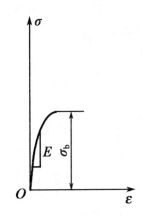

图 2-14 铸铁的拉伸应力—应变曲线

二、比例极限与弹性极限

应力—应变曲线上线弹性阶段的应力最高限称为**比例极限**,用 σ_p 表示。线弹性阶段之后,应力—应变曲线上有一小段微弯的曲线(图 2-13 中的 *AB* 段),这表示应力超过比例极限以后,应力与应变不再成正比关系,但是,如果在这一阶段,卸去试样上的荷载,试样的变形将随之消失。这表明这一阶段内的变形都是弹性变形,因而包括线弹性阶段在内,统称为弹性阶段(图 2-13 中的 *OB* 段)。弹性阶段的应力最高限称为弹性极限,用 σ_e 表示。大部分塑性材料的比例极限与弹性极限极为接近,只有通过精密测量才能加以区分。

三、屈服极限

许多塑性材料的应力—应变曲线中,在弹性阶段之后,出现近似的水平段,这一阶段中应力几乎不变,而应变急剧增加,这种现象称为**屈服**,例如图 2-13 所示曲线的 *BC* 段。这一阶段曲线的最低点的应力值称为**屈服极限**,用 σ_s 表示。

对于没有明显屈服阶段的塑性材料,工程上则规定产生 0.2% 塑性应变时的应力值为其屈服极限,称为材料的条件屈服极限,用 $\sigma_{0.2}$ 表示,如图 2-15 所示。

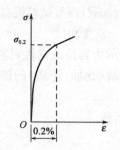

图 2-15　材料的条件屈服应力

四、强度极限

应力超过屈服极限后,要使试样继续变形,必须再继续增加荷载。这一阶段称为**强化阶段**,例如图 2-13 所示曲线上的 CD 段。这一阶段应力的最高限称为强度极限,用 σ_b 表示。

如果在强化阶段卸载,应力与应变之间沿线段 fO_1 下降,该直线与线弹性阶段的线段 Oa 几乎平行,如图 2-16 所示。卸载时应力与应变之间遵循线性变化的规律称为材料的卸载定律。线段 O_1O_2 表示随卸载消失的弹性应变 ε_e,线段 OO_1 表示卸载后无法恢复的塑性应变 ε_p。试验结果表明,卸载至点 O_1 处后,如果再加载,应力—应变基本上沿 O_1f 变化,到达点 f 后,沿 fde 变化,直至在 e 点被拉断。由此可见,材料在强化阶段卸载,然后再加载,可以提高材料的弹性极限,但拉断时的塑性变形则会减小。这种由于预加塑性变形而使材料弹性极限提高的现象,称为**冷作硬化**。工程上常用冷作硬化提高材料的弹性极限,使材料在弹性范围内提高承载能力。

五、颈缩与断裂

某些塑性材料(例如低碳钢和铜),应力超过强度极限以后,试样开始发生局部变形,局部变形区域内横截面尺寸急剧缩小,这种现象称为**颈缩**。出现颈缩之后,试样变形所需拉力相应减小,应力—应变曲线出现下降阶段,如图 2-13 中曲线上的 DE 段,至 E 点试样拉断。

对于脆性材料,从开始加载直至试样被拉断,试样的变形都很小。而且,大多数脆性材料拉伸的应力—应变曲线上,都没有明显的直线段,几乎没有塑性变形,也不会出现屈服和颈缩现象,如图 2-14 所示。因而只有断裂时的应力值—强度极限 σ_b。

如图 2-17a)和 b)所示为塑性材料试样发生颈缩和断裂时的图片,如图 2-17c)所示为脆性材料试样断裂时的照片。

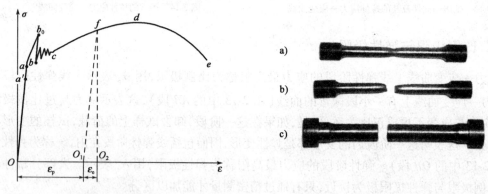

图 2-16　卸载规律与冷作硬化　　　　　图 2-17　试样的颈缩与断裂

此外,通过拉伸试验还可得到衡量材料塑性性能的指标——延伸率 δ 和截面收缩率 ψ

$$\delta = \frac{l_1 - l_0}{l_0} \times 100\% \tag{2-3}$$

$$\psi = \frac{A_0 - A_1}{A_0} \times 100\% \tag{2-4}$$

其中,l_0 为试样原长(规定的标距);A_0 为试样的初始横截面面积;l_1 和 A_1 分别为试样拉断后的长度(变形后的标距长度)和断口处最小的横截面面积。延伸率和截面收缩率的数值越大,表明材料的塑性越好。工程中一般认为 $\delta \geq 5\%$ 者为塑性材料；$\delta < 5\%$ 者为脆性材料。

材料压缩实验，通常采用短试样。低碳钢压缩时的应力—应变曲线如图 2-18 所示。与拉伸时的应力—应变曲线相比较，拉伸和压缩屈服前的曲线基本重合，即拉伸、压缩时的弹性模量及屈服极限相同，但屈服后，由于试样愈压愈扁，应力—应变曲线不断上升，试样不会发生破坏。

铸铁压缩时的应力—应变曲线如图 2-19 所示，与拉伸时的应力—应变曲线不同的是，压缩时的强度极限却远远大于拉伸时的数值，通常是拉伸强度极限的 4~5 倍。对于拉伸和压缩强度极限不等的材料，拉伸强度极限和压缩强度极限分别用 σ_{bt} 和 σ_{bc} 表示。这种压缩强度极限明显高于拉伸强度极限的脆性材料，通常用于制作受压构件。

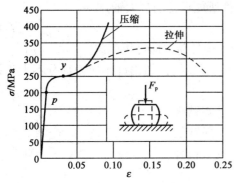

图 2-18 低碳钢压缩时的应力—应变曲线

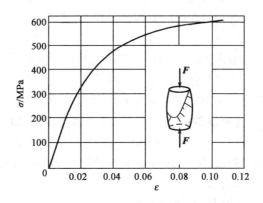

图 2-19 铸铁压缩时的应力—应变曲线

由于各种原因使结构丧失其正常工作能力的现象，称为失效。材料的两种失效形式为：塑性屈服和脆性断裂。塑性屈服指材料失效时产生明显的塑性变形，并伴有屈服现象。塑性材料如低碳钢等以塑性屈服为标志；脆性断裂是指材料失效时未产生明显的塑性变形而突然断裂。脆性材料如铸铁等以脆断为失效标志。

实验结果表明，各种材料所承受的荷载是有限的，塑性材料正应力达到屈服极限时会产生明显的塑性变形，脆性材料正应力达到强度极限时会断裂。工程上的强度失效是指塑性材料产生明显的塑性变形，脆性材料发生断裂。失效时的应力值称为**极限应力**，用 σ_u 表示。对于塑性材料，屈服时的应力是屈服极限 σ_s，$\sigma_u = \sigma_s$；对于脆性材料：断裂时的应力是强度极限 σ_b，$\sigma_u = \sigma_b$。为了确保构件在使用中的安全，使其不致失效且有一定的安全储备，在进行结构设计时，构件的工作应力不允许达到失效应力，只能控制在失效应力以下的某值。这个工作正应力允许达到的应力最大值称为材料的**许用应力**，用 $[\sigma]$ 表示，许用应力 $[\sigma]$ 是用材料的极限应力 σ_u 除以一个数值大于 1 的安全因数 n 得到。

对塑性材料

$$[\sigma] = \frac{\sigma_s}{n_s} \tag{2-5}$$

对脆性材料

$$[\sigma] = \frac{\sigma_b}{n_b} \tag{2-6}$$

n_s, n_b 分别为塑性材料和脆性材料的安全因数。

对于轴向拉、压构件，为了保证构件在使用过程中不发生强度失效问题，其工作应力的最大值不应超过该材料的许用应力。即

$$\sigma_{max} = \frac{F_{Nmax}}{A} \leqslant [\sigma] \tag{2-7}$$

上式称为轴向拉、压时的强度条件。利用该强度条件,可以解决三类强度问题:

一是强度校核:当杆件所受外荷载,截面尺寸,材料的许用应力均已知时,校核式(2-7)是否成立,判断杆件是否满足强度要求;二是设计截面尺寸:当外荷载及材料的许用应力,构件的形状已知时,可将式(2-7)改写为:

$$A \geqslant \frac{F_N}{[\sigma]} \tag{2-8}$$

由上式确定杆件的横截面面积或尺寸大小。三是确定许用外荷载:当构件横截面形状、尺寸及材料的许用应力均已知时,由式(2-7)可求得杆件所能承受的最大轴力

$$F_{Nmax} \leqslant [\sigma]A \tag{2-9}$$

根据 F_{Nmax} 可以进一步确定杆件所能承受的最大安全外荷载即许用荷载。

如果杆件工作正应力的最大值 σ_{max} 稍大于许用应力 $[\sigma]$,但超出许用应力部分不大于许用应力的5%,在实际工程中是允许的。

【例题 2-6】 汽车离合器踏板如图 2-20 所示。已知踏板受到压力 $F_1 = 400N$ 作用,拉杆 1 的直径 $d = 9mm$,杠杆臂长 $L = 330mm$,$l = 56mm$,拉杆的许用应力 $[\sigma] = 50MPa$,校核拉杆 1 的强度。

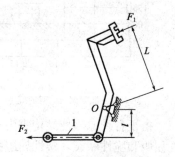

图 2-20 例题 2-6 图

【解】 由平衡条件

$$\sum M_O = 0, F_1L - F_2l = 0$$

可得,拉杆 1 的轴力为

$$F_N = F_2 = \frac{F_1L}{l} = \frac{400N \times 0.33m}{0.056m} = 2357N$$

拉杆 1 的工作应力为

$$\sigma = \frac{F_N}{A} = \frac{F_2}{\frac{\pi}{4}d^2} = \frac{4 \times 2357N}{\pi \times 0.009^2 m^2} = 37.1 \times 10^6 Pa = 37.1MPa < [\sigma] = 50MPa$$

工作应力小于许用应力,故拉杆 1 满足强度要求。

【例题 2-7】 如图 2-21 所示结构中 BC 和 AC 都是圆截面直杆,直径均为 $d = 20mm$,材料都是 Q235 钢,其许用应力 $[\sigma] = 157MPa$。试求该结构的许用荷载。

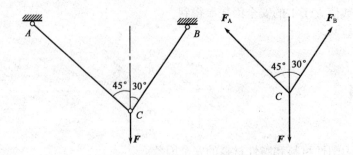

图 2-21 例题 2-7 图

【解】 (1)取节点 C 为研究对象,受力如图所示。平衡方程为

$$\sum F_x = 0, F_B - \sqrt{2}F_A = 0 \qquad ①$$

$$\sum F_y = 0, \frac{\sqrt{2}}{2}F_A + \frac{\sqrt{3}}{2}F_B - F = 0 \qquad ②$$

根据式①、②解得

$$F = \frac{\sqrt{2}(1+\sqrt{3})}{2}F_A \qquad ③$$

$$F = \frac{1+\sqrt{3}}{2}F_B \qquad ④$$

（2）强度计算确定许可荷载

对于 AB 杆，由式③以及强度条件，有

$$\frac{F_A}{\frac{\pi}{4}d^2} \leqslant [\sigma]$$

得到许可荷载为

$$F_P = \frac{\sqrt{2}(1+\sqrt{3})}{2}F_A = \frac{\sqrt{2}(1+\sqrt{3})}{2} \cdot [\sigma]\frac{\pi}{4}d^2$$

$$= \frac{\sqrt{2}(1+\sqrt{3})}{2} \times 157 \times 10^6 \text{Pa} \times \frac{\pi}{4} \times 20^2 \times 10^{-6} \text{m}^{-2} \qquad ⑤$$

$$= 95.3 \times 10^3 \text{N} = 95.3 \text{kN}$$

对于 BC 杆，由式④以及强度条件，得

$$F_B \leqslant [\sigma] \cdot \frac{\pi}{4}d^2 \qquad ⑥$$

得到许可荷载为

$$F \leqslant \frac{1+\sqrt{3}}{2} \cdot \frac{\pi}{4}d^2[\sigma]$$

$$= \frac{1+\sqrt{3}}{2} \cdot \frac{\pi}{4} \times 20^2 \times 10^{-6} \text{m}^2 \times 157 \times 10^6 \text{Pa} \qquad ⑦$$

$$= 67.4 \times 10^3 \text{N} = 67.4 \text{kN}$$

比较式⑤和⑦，最后得到许可荷载

$$[F_P] = 67.4 \text{kN}$$

【例题 2-8】 如图 2-22 所示起重机吊环的每一侧臂 AB 和 BC，均由两根矩形截面杆组成，连接处 A、B、C 均为铰链。若已知起重荷载 $F_P = 1200$kN，每根矩形杆的截面尺寸比例为 $b/h = 1/2$，材料的许用应力 $[\sigma] = 80$MPa。试确定矩形杆的横截面尺寸 b 和 h。

【解】 （1）确定每根杆的受力

假设每根矩形杆所受拉力为 F_N。则每侧受拉力均为 $2F_N$。于是 B 处受力如图所示。根据平衡方程

$$\sum F_y = 0$$

有

$$F_P - 4F_N \cos\alpha = 0$$

其中

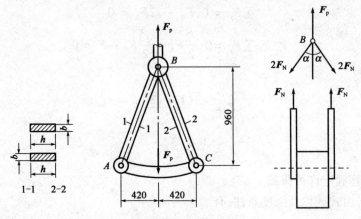

图 2-22 例题 2-8 图(尺寸单位:mm)

$$\alpha = \arctan\frac{420}{960} = 23.6°$$

于是,

$$1400\text{kN} - 4F_\text{N}\cos23.6° = 0$$

由此解得一侧臂中每一根杆横截面上的轴向力

$$F_\text{N} = \frac{1400\text{kN}}{4\cos23.6°} = 382.1\text{kN}$$

(2)根据强度条件进行强度设计

一侧臂中每一根杆的强度条件

$$\sigma = \frac{F_\text{N}}{b \times h} \leqslant [\sigma]$$

其中 $h = 2b$。将其连同 F_N 和 $[\sigma]$ 值代入上式,有

$$\frac{382.1\text{kN}}{b \times 2b} \leqslant 80\text{MPa}$$

据此解得

$$b \geqslant \sqrt{\frac{382.1 \times 10^3\text{N}}{2 \times 80 \times 10^6\text{Pa}}} = 48.87 \times 10^{-3}\text{m} = 48.87\text{mm} \approx 49\text{mm}$$

$$h = 2b = 2 \times 49\text{mm} = 98\text{mm}$$

第四节　轴向拉压杆件的变形分析

杆受到轴向外力拉伸或压缩时,在轴线方向将伸长或缩短,而横向尺寸将缩小或增大,即同时发生纵向(轴向)变形和横向变形。如图 2-23 所示等直杆的原长为 l,横截面面积为 A。在轴向力 F 作用下,长度由 l 变为 l'。杆件在轴线方向的伸长,即纵向变形为

$$\Delta l = l' - l \tag{2-10}$$

一点纵向线应变为杆件的伸长 Δl 除以原长 l,即

$$\varepsilon = \frac{\Delta l}{l} \tag{2-11}$$

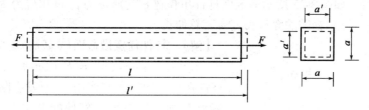

图 2-23 拉伸变形

由 $\sigma = E\varepsilon$ 得

$$\frac{F_N}{A} = E\frac{\Delta l}{l}$$

所以

$$\Delta l = \frac{F_N l}{EA} = \frac{Pl}{EA} \tag{2-12}$$

式(2-12)表明,当应力不超过比例极限时,杆件的伸长 Δl 与拉力 F 和杆件的原长度 l 成正比,与横截面面积 A 成反比。这是胡克定律的另一种表达形式。式中 EA 是材料弹性模量与拉压杆件横截面面积乘积,EA 越大,则变形越小,将 EA 称为**拉(压)刚度**。

若变形前杆件的横向尺寸为 a,变形后为 a',则横向变形为

$$\Delta a = a' - a$$

于是横向线应变可定义为杆件变形后横向尺寸改变量与变形前横向尺寸之比,即

$$\varepsilon' = \frac{\Delta a}{a}$$

由实验证明,在弹性范围内

$$\upsilon = -\frac{\varepsilon'}{\varepsilon} \tag{2-13}$$

υ 为杆的横向线应变与轴向线应变代数值之比,称为泊松比或横向变形因数。

【**例题 2-9**】 直径不同的实心截面杆,在 B 处焊接在一起,弹性模量均为 $E = 200\text{GPa}$,受力和尺寸等如图 2-24 所示。试求:

(1)各段杆横截面上的工作应力;

(2)杆的轴向变形总量。

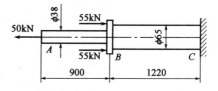

【**解**】 (1)AB 与 BC 段的工作应力等于各段的

图 2-24 例题 2-9 图(尺寸单位:mm)

轴力除以对应的横截面面积

$$\sigma_{AB} = \frac{F_{NAB}}{A_1} = \frac{4 \times 50 \times 10^3 \text{N}}{\pi \times 38^2 \times 10^{-6}\text{m}^2} = 44.1\text{MPa}$$

$$\sigma_{BC} = \frac{F_{NBC}}{A_2} = \frac{4 \times (-60) \times 10^3 \text{N}}{\pi \times 65^2 \times 10^{-6}\text{m}^2} = -18.1\text{MPa}$$

(2)杆的轴向变形总量为

$$\Delta l = \Delta l_{AB} + \Delta l_{BC} = \frac{F_{NAB}l_{AB}}{EA_1} + \frac{F_{NBC}l_{BC}}{EA_2}$$

$$= \frac{50 \times 10^3 \text{N} \times 0.9\text{m} \times 4}{200 \times 10^9 \text{Pa} \times \pi \times 38^2 \times 10^{-6}\text{m}^2} + \frac{-60 \times 10^3 \text{N} \times 1.22\text{m} \times 4}{200 \times 10^9 \text{Pa} \times \pi \times 65^2 \times 10^{-6}\text{m}^2}$$

$$= 0.0881 \times 10^{-3}\text{m} = 0.0881\text{mm}$$

【例题 2-10】 如图 2-25 所示等截面杆件单位体积的质量为 ρ，许用应力为 $[\sigma]$。杆件下端所受拉力为 F。试求钢缆的允许长度及其总伸长。

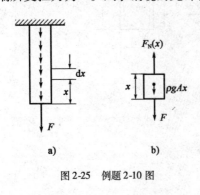

图 2-25　例题 2-10 图

【解】 杆件任意横截面（x 截面）上的轴力为

$$F_N(x) = F + \rho g x A$$

设杆件在自重和拉力 F 作用下，不发生断裂破坏的极限长度为 L，则危险截面是杆件的上端面，该端面上的轴力为

$$F_N = F + \rho g L A$$

根据强度条件，有

$$\sigma = \frac{F_N}{A} = \frac{F + \rho g L A}{A} \leqslant [\sigma]$$

于是可得

$$L \leqslant \frac{A[\sigma] - F}{\rho g A}$$

杆件允许的最大长度为

$$L = \frac{A[\sigma] - F}{\rho g A}$$

杆件的伸长量由胡克定律确定，即

$$\Delta l = \int_L \frac{F_N(x)}{EA} dx = \int_o^L \frac{F + \rho g x A}{EA} dx = \frac{A^2[\sigma]^2 - F^2}{2EA^2 \rho g}$$

【例题 2-11】 如图 2-26 所示结构，杆 AB 和 BC 的拉伸刚度 EA 相同，在节点 B 处承受集中荷载 F，试求节点 B 的水平及铅垂位移。

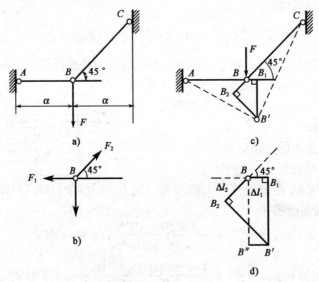

图 2-26　例题 2-11 图

【解】 （1）求各杆轴力

由节点 B（图 2-26b）的平衡条件

$$\sum F_x = 0, \sum F_y = 0$$

得

$$F_2 \cos 45° - F_1 = 0$$

$$F_2\sin45° - F = 0$$

解得

$$F_1 = F,\ F_2 = \sqrt{2}F$$

（2）求各杆变形

杆 AB

$$\Delta l_1 = \frac{F_1 l_1}{EA} = \frac{Fa}{EA}(伸长)$$

杆 BC

$$\Delta l_2 = \frac{F_2 l_2}{EA} = \frac{\sqrt{2}F \times \sqrt{2}a}{EA} = \frac{2Fa}{EA}(伸长)$$

（3）节点 B 的位移

结构变形后，两杆仍应相交在一点，这就是变形的相容条件，作结构的变形图（图 2-26c）：沿杆 AB 的延长线量取 BB_1 等于 Δl_1，沿杆 CB 的延长线量取 BB_2 等于 Δl_2，分别在点 B_1 和 B_2 处作 BB_1 和 BB_2 的垂线，两垂线的交点 B' 为结构变形后节点 B 应有的新位置。也即，结构变形后成为 $AB'C$ 的形状。如图 2-26c）所示为结构的变形图。为求节点 B 的位移，也可单独作出节点 B 的位移图。位移图的作法与变形图作法类似，如图 2-26d）所示。根据小变形假设，图中用圆弧的切线代替圆弧。

由位移图的几何关系，可得

水平位移

$$\Delta_{Bx} = BB_1 = \Delta l_1 = \frac{Fa}{EA}(\rightarrow)$$

铅垂位移

$$\Delta_{By} = BB'' = \frac{\Delta l_2}{\sin45°} + \Delta l_1\tan45° = \sqrt{2}\left(\frac{2Fa}{EA}\right) + \frac{Fa}{EA} = (1 + 2\sqrt{2})\frac{Fa}{EA}(\downarrow)$$

第五节　连接构件的强度计算

实际工程中，许多构件需要以适当的方式进行连接。在连接部位，一般要有起连接作用的部件，这种部件称为连接件，如螺钉、铆钉、销钉、键等。如图 2-27a）所示两块钢板用铆钉（也可用螺栓或销钉）连接成一根拉杆，其中的铆钉（螺栓或销钉）就是连接件。

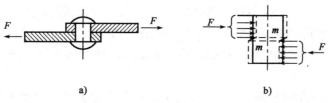

a)　　　　　　　　b)

图 2-27　连接和连接件

为了保证连接后的杆件或构件能够安全地工作，除杆件或构件整体必须满足强度、刚度和稳定性的要求外，连接件本身也应具有足够的强度。铆钉、螺栓等连接件的主要受力和变形特点如图 2-27b) 所示。作用在连接件两侧面上的一对外力的合力大小相等,均为 F,而方向相反,作用线相距很近;并使各自作用的部分沿着与合力作用线平行的截面 $m\text{-}m$(称为剪切面)发生相对错动。这种变形称为剪切变形。剪切变形的特点是:作用于构件某一截面两侧的力,大小相等,方向相反,相互平行,相距很近,使构件沿该截面(称为剪切面)发生相对错动。连接件的强度设计首先要计算剪切强度,此外还应考虑连接件与被连接件之间的挤压可能造成的破坏。

构件发生剪切变形时,剪切面上的内力称为剪力。如图 2-28a) 所示的铆钉为研究对象,应用截面法可求出其剪切面上的剪力 $F_s = F$,如图 2-28b) 所示。

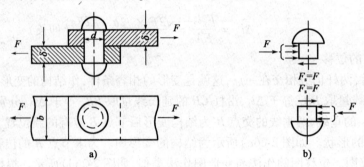

图 2-28　连接件的剪切强度计算

显然剪力应由剪切面上按某种规律分布的切应力合成,但由于剪切面附近的真实变形极为复杂,无法用材料力学知识确定剪力切应力的分布规律。作为工程中的一种简化的实用计算,通常假定剪切面上的切应力均匀分布,其方向与剪力的方向一致。于是,剪切面上切应力实用计算公式为:

$$\tau = \frac{F_s}{A_s} \tag{2-14}$$

其中 A_s 为剪切面面积。上式计算的切应力实际是剪切面的平均切应力,是一种名义切应力。

为了保证连接件不发生剪切破坏,要求剪切面上的工作切应力 τ 不能超过材料的许用切应力 $[\tau]$,即

$$\tau = \frac{F_s}{A_s} \leqslant [\tau] \tag{2-15}$$

上式称为剪切强度条件。$[\tau]$ 由剪切实验测得的名义极限应力除以安全因数 n 获得。利用该强度条件可以校核连接件的剪切强度,确定连接件的截面尺寸,以及确定许用荷载。

如图 2-29a) 所示的连接件,在发生剪切变形的同时,常常还在连接件与被连接件相互接触的面上发生挤压变形。当接触面上的挤压力较大时,可导致构件(包括连接件与被连接件)在挤压部位产生显著的塑性变形而发生破坏,称为挤压破坏。

连接件与被连接件之间的相互接触面称为挤压面,作用于挤压面上的力称为挤压力 F_{bs},如图 2-29a) 所示。

实际中,挤压面上的挤压应力(记为 σ_{bs})分布可能十分复杂。但作为工程中的一种简化的实用计算,通常假设挤压面上的挤压应力均匀分布,于是挤压应力可按下式计算:

$$\sigma_{bs} = \frac{F_{bs}}{A_{bs}} \tag{2-16}$$

其中 A_{bs} 为挤压面面积。

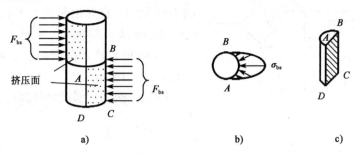

图 2-29　圆柱形挤压面

对于螺钉、铆钉等构件,其实际挤压面为半圆柱面,如图 2-29a)所示。其挤压应力分布规律如图 2-29b)所示,在半圆弧的中点挤压应力达到最大值。当以半圆柱挤压面的正投影面(即图 2-29c)中的直径平面 $ABCD$)作为挤压面面积 A_{bs} 代入式(2-16)时,所得的挤压应力与真实挤压应力的最大值接近。因此,在挤压的实用简化计算中,对于半圆柱面挤压面的挤压应力计算,通常采取以实际挤压面在挤压力作用方向的投影面积作为挤压面积 A_{bs} 代入式(2-16)进行计算。当挤压面为平面时,A_{bs} 为实际的挤压面积。

为了保证构件在使用过程中不发生挤压破坏,要求挤压应力不得超过材料的许用挤压应力,即:

$$\sigma_{bs} = \frac{F_{bs}}{A_{bs}} \leqslant [\sigma_{bs}] \qquad (2\text{-}17)$$

上式称为挤压强度条件,其中 $[\sigma_{bs}]$ 是材料的许用挤压应力,其值由实验测得。挤压破坏时的极限挤压应力,再除以安全因数 n,得到许用挤压应力。

【例题 2-12】　如图 2-30 所示螺钉在拉力 F 作用下。已知材料的剪切许用应力 $[\tau]$ 和拉伸许用应力 $[\sigma]$ 之间的关系为:$[\tau] = 0.6[\sigma]$。试求螺钉直径 d 与钉头高度 h 的合理比值。

【解】　当螺钉杆和螺钉头内的应力同时达到各自的许用应力时,d 与 h 之比最合理。螺钉杆的拉伸强度条件为

$$\sigma = \frac{F_N}{A_1} = \frac{4F}{\pi d^2} \leqslant [\sigma]$$

螺钉头的剪切强度条件为

$$\tau = \frac{F_s}{A_2} = \frac{F}{\pi dh} \leqslant [\tau]$$

上二式相比,得

$$\frac{[\tau]}{[\sigma]} = \frac{d}{4h} = 0.6$$

所以

$$\frac{d}{h} = 2.4$$

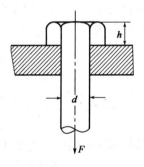

图 2-30　例题 2-12 图

螺钉栓直径 d 与钉头高度 h 的合理比值为 2.4。

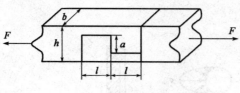

图 2-31 例题 2-13 图

【例题 2-13】 矩形截面木拉杆的榫接头如图 2-31 所示。已知轴向拉力 $F = 10\text{kN}$，截面宽度 $b = 100\text{mm}$，$h = 300\text{mm}$。木材的许用挤压应力 $[\sigma_{bs}] = 10\text{MPa}$，许用剪应力 $[\tau] = 1\text{MPa}$。试确定接头的尺寸 l 和 a。

【解】 按剪切强度设计榫接头处的尺寸 l

$$\tau = \frac{F}{b \times l} \leqslant [\tau]$$

$$l \geqslant \frac{F}{b \times [\tau]} = \frac{10 \times 10^3}{100 \times 10^{-3} \times 1 \times 10^6} = 0.1\text{m} = 100\text{mm}$$

按挤压强度设计榫接头处的尺寸 a

$$\sigma = \frac{F}{b \times a} \leqslant [\sigma_c]$$

$$a \geqslant \frac{F}{b \times [\sigma_c]} = \frac{10 \times 10^3}{100 \times 10^{-3} \times 10 \times 10^6} = 0.01\text{m} = 10\text{mm}$$

【例题 2-14】 如图 2-32a) 所示的铆接件中，已知铆钉直径 $d = 19\text{mm}$，钢板宽 $b = 127\text{mm}$，厚度 $\delta = 12.7\text{mm}$；铆钉的许用剪应力 $[\tau] = 137\text{MPa}$，挤压许用应力 $[\sigma_c] = 314\text{MPa}$；钢板的拉伸许用应力 $[\sigma] = 98.0\text{MPa}$，挤压许用应力 $[\sigma_{bs}] = 196\text{MPa}$。假设 4 个铆钉所受剪力相等。试求此连接件的许可荷载。

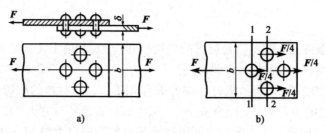

图 2-32 例题 2-14 图

【解】 (1) 分析受力

假定每个铆钉均匀受力，考虑一块钢板的受力如图 2-32b) 所示。于是，左侧单个铆钉所在的钢板横截面上的轴力为 F，中间两个铆钉所在的钢板横截面上的轴力为 $3F/4$；右侧单个铆钉所在的钢板横截面上的轴力为 $F/4$。

(2) 根据铆钉的剪切强度计算许可荷载

$$\frac{F/4}{A_s} \leqslant [\tau]$$

$$F \leqslant 4 \times A_s \times [\tau] = 4 \times \frac{\pi d^2}{4} \times [\tau]$$

$$= 137\text{MPa} \times \pi \times 19\text{mm}^2 = 155.4\text{kN}$$

(3) 根据铆钉的挤压强度计算许可荷载

$$\frac{F/4}{A_{bs}} \leqslant [\sigma_{bs}]$$

$$F \leqslant 4 \times A \times [\sigma_{bs}] = 4 \times d\delta \times [\sigma_{bs}]$$

$$= 4 \times 19\text{mm} \times 12.7\text{mm} \times 314\text{MPa} = 303.1\text{kN}$$

（4）根据钢板的拉伸强度计算许可荷载

①1－1横截面处钢板的拉伸强度（不计应力集中）

$$\sigma(1) = \frac{F}{\delta(b-d)} \leq [\sigma]$$

$$F \leq [\sigma] \times \delta(b-d) = 98 \times 10^6 \text{Pa} \times 12.7 \times (127-19) \times 10^{-6} \text{m}^2 = 134.4 \text{kN}$$

②2－2横截面处钢板的拉伸强度

$$\frac{3F/4}{\delta(b-2d)} \leq [\sigma]$$

$$F \leq \frac{4}{3} \times \delta(b-2d) \times [\sigma] = \frac{4}{3} \times 12.7 \times (127-2\times19) \times 10^{-6}\text{m}^2 \times 98\text{MPa} = 147.7\text{kN}$$

（5）根据钢板的挤压强度计算许可荷载

$$\frac{F/4}{A_{bs}} \leq [\sigma_{bs}]$$

$$F \leq 4 \times A_{bs} \times [\sigma_{bs}] = 4 \times d\delta \times [\sigma_{bs}] = 4 \times 19 \times 12.7 \times 10^{-6}\text{m}^2 \times 196\text{MPa} = 189.2\text{kN}$$

连接件所能承受的荷载为上述5项结果中的最小者，即

$$[F] = 134.4\text{kN}$$

本 章 小 结

1.本章主要介绍轴向拉伸和压缩时的重要概念：内力、应力、变形和应变等。

在轴向拉伸和压缩时，计算应力、变形和应变的公式是：

正应力公式

$$\sigma = \frac{N}{A}$$

胡克定律

$$\Delta l = \frac{Nl}{EA}, \varepsilon = \frac{\sigma}{E}$$

胡克定律是揭示在比例极限内应力和应变的关系，它是材料力学最基本的定律之一。

平面假设：变形前后横截面保持为平面，而且仍垂直于杆件的轴线。

2.材料的力学性能的研究是解决强度和刚度问题的一个重要方面。对于材料力学性能的研究一般是通过实验方法，其中拉伸试验是最主要、最基本的一种试验，由它所测定的材料性能指标有：

E——材料抵抗弹性变形能力的指标；

σ_s, σ_b——材料的强度指标；

δ, ψ——材料的塑性指标。

3.工程中一般把材料分为塑性材料和脆性材料两类。塑性材料的强度特征是屈服极限σ_s和强度极限σ_b，而脆性材料只有一个强度特征是强度极限σ_b。

4.强度计算是材料力学研究的主要问题。轴向拉伸和压缩时，构件的强度条件是

$$\sigma = \frac{N}{A} \leq [\sigma]$$

思 考 题

2-1 两根直杆,其横截面面积相同,长度相同,两端所受轴向外力也相同,而材料的弹性模量不同。分析它们的内力、应力、应变、伸长是否相同。

2-2 低碳钢试样,拉伸至强化阶段时,在拉伸图上如何量测其弹性伸长量和塑性伸长量? 当试样拉断后,又如何量测?

2-3 公式 $\Delta L = \dfrac{F_N L}{EA}, \sigma = E \cdot \varepsilon$ 的适用条件是什么?

2-4 挤压与压缩有何区别? 为什么挤压许用应力比许用压应力要大?

习 题

2-1 试求如图 2-33 所示的各杆 1-1、2-2、3-3 截面上的轴力,并作轴力图。

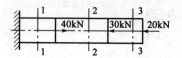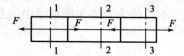

图 2-33 题 2-1 图

2-2 求如图 2-34 所示阶梯状直杆横截面 1-1 、2-2 和 3-3 上的轴力,并作轴力图。如横截面面积 $A_1 = 200\text{mm}^2, A_2 = 300\text{mm}^2, A_3 = 400\text{mm}^2$,求各横截面上的应力。

2-3 如图 2-35a)、b) 所示为直径不同的实心截面杆,弹性模量均为 $E = 200\text{GPa}$,受力和尺寸等均标在图中,如图 2-35c) 所示柱的横截面为边长 200mm 的正方形,其弹性模量 $E = 10\text{GPa}$,如图 2-35d) 所示 $A_1 = 800\text{mm}^2, A_2 = 400\text{mm}^2$,弹性模量均为 $E = 200\text{GPa}$。不计构件的自重。试求下列各项:

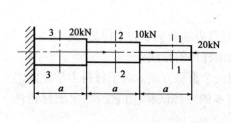

图 2-34 题 2-2 图

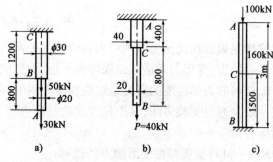

图 2-35 习题 2-3 图(尺寸单位:mm)

(1)画轴力图;

(2)各段杆横截面上的应力;

(3)杆的轴向变形总量。

2-4 如图 2-36 所示简易吊车中,BC 为钢杆,AB 为木杆。木杆 AB 的横截面面积 $A_1 = 100\text{cm}^2$,许用应力 $[\sigma]_1 = 7\text{MPa}$;钢杆 BC 的横截面面积 $A_2 = 6\text{cm}^2$,许用应力 $[\sigma]_2 = 160\text{MPa}$。试求许可吊重 F。

2-5 一块厚 10mm、宽 200mm 的旧钢板,其截面被直径 $d = 20\text{mm}$ 的圆孔所削弱,圆孔的排列对称于杆的轴线,如图 2-37 所示。现用此钢板承受轴向拉力 $P = 200\mathrm{kN}$。如材料的许用应力 $[\sigma] = 170\mathrm{MPa}$,试校核钢板的强度。

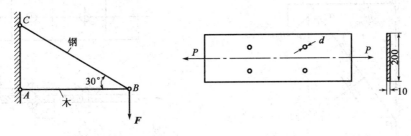

图 2-36 习题 2-4 图　　　　　　　　　　图 2-37 习题 2-5 图

2-6　如图 2-38 所示油缸盖与缸体采用 6 个螺栓连接。已知油缸内径 $D = 350\mathrm{mm}$,油压 $p = 1\mathrm{MPa}$。若螺栓材料的许用应力 $[\sigma] = 40\mathrm{MPa}$,求螺栓的内径。

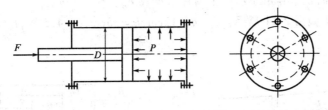

图 2-38 习题 2-6 图

2-7　如图 2-39 所示水塔结构,水和塔共重 $W = 400\mathrm{kN}$,同时还受侧向水平风力 $F = 100\mathrm{kN}$ 作用。若支杆①、②和③的许用压应力 $[\sigma_\mathrm{c}] = 100\mathrm{MPa}$,许用拉应力 $[\sigma_\mathrm{t}] = 140\mathrm{MPa}$,试求每根支杆所需要的面积。

2-8　如图 2-40 所示的双杠杆夹紧机构,需产生一对 20kN 的夹紧力,试求水平连杆 AB 及二斜连杆 BC 和 BD 的横截面直径。已知:该三杆的材料相同,$[\sigma] = 100\mathrm{MPa}$,$\alpha = 30°$。

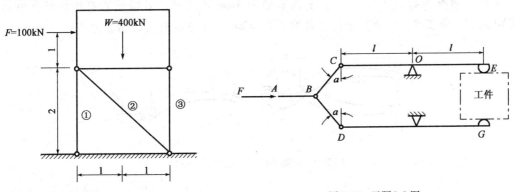

图 2-39 习题 2-7 图(尺寸单位:m)　　　　　　图 2-40 习题 2-8 图

2-9　如图 2-41 所示杆系结构,已知 BC 杆圆截面 $d = 20\mathrm{mm}$,BD 杆为 8 号槽钢,$[\sigma] = 160\mathrm{MPa}$,$E = 200\mathrm{GPa}$,$P = 60\mathrm{kN}$。求 B 点的位移。

2-10　如图 2-42 所示之钢板铆接件中,已知钢板的抗拉许用应力 $[\sigma] = 100\mathrm{MPa}$,挤压许用应力 $[\sigma_\mathrm{bs}] = 200\mathrm{MPa}$,钢板厚度 $\delta = 10\mathrm{mm}$,宽度 $b = 100\mathrm{mm}$;铆钉直径 $d = 17\mathrm{mm}$,铆钉剪切许用应力 $[\tau] = 140\mathrm{MPa}$,挤压许用应力 $[\sigma_\mathrm{bs}] = 320\mathrm{MPa}$。铆接件承受轴向荷载 $F_\mathrm{P} = 24\mathrm{kN}$。试校核钢板与铆钉的强度。

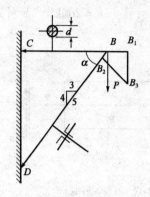

图 2-41 习题 2-9 图

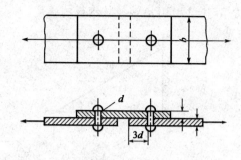

图 2-42 习题 2-10 图

2-11 如图 2-43 所示装置中键长 $L=25\text{mm}$，其材料许用剪应力 $[\tau]=100\text{MPa}$，许用挤压应力 $[\sigma_{bs}]=220\text{MPa}$，试求作用于手柄上的许用荷载 F_p。

2-12 木榫接头如图 2-44 所示。$a=b=12\text{cm}$，$h=35\text{cm}$，$c=4.5\text{cm}$，$F=40\text{kN}$。试求接头的剪切和挤压应力。

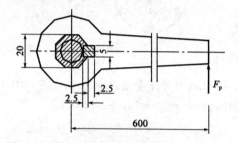

图 2-43 习题 2-11 图(尺寸单位:mm)

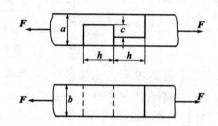

图 2-44 习题 2-12 图

2-13 如图 2-45a)所示，用夹剪剪断直径为 3mm 的铅丝。若铅丝的剪切极限应力约为 100MPa，试问需要多大的 F？若销钉 B 的直径为 8mm，试求销钉内的切应力。

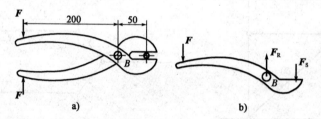

图 2-45 习题 2-13 图(尺寸单位:mm)

第三章 DISANZHANG

扭　　转

本章导读

扭转是杆件的基本变形形式之一。工程中有些杆件,因承受作用平面垂直于杆轴线的力偶作用,而发生扭转变形。通常将这种杆件称为轴,如传动轴等。本章着重介绍圆轴扭转时的内力、应力、变形分析和强度、刚度计算。

学习目标

1. 正确理解圆轴扭转时受力与变形的特点;
2. 掌握分析圆轴扭转时横截面上的切应力分析方法;
3. 正确理解和应用圆轴扭转时横截面上的切应力公式与相对扭转角公式,注意公式的应用条件;
4. 掌握圆轴扭转的强度条件与刚度条件,并能正确应用其解决圆轴的强度与刚度问题。

学习重点

1. 圆轴扭转时横截面上的切应力分析方法;
2. 应用圆轴扭转的强度条件与刚度条件解决圆轴的强度与刚度问题。

学习难点

圆轴扭转时横截面上的切应力分析方法。

本章学习计划

内　　容	建议自学时间（学时）	学　习　建　议	学　习　记　录
第一节　圆轴扭转的内力分析	1.0	在进行圆轴扭转的内力分析前,注意扭矩的符号规定	
第二节　薄壁圆筒扭转时的切应力	0.5	注意对切应力互等定理的理解	
第三节　圆轴扭转的应力分析	1.5	重点关注应力推导过程中考虑的三个方面	
第四节　圆轴扭转的变形	1.0	注意理解圆轴扭转角公式中各项的物理意义	
第五节　矩形截面杆的扭转简介	0.5	重点掌握非圆截面等直杆横截面上最大切应力和单位长度扭转角的计算公式	

第一节　圆轴扭转的内力分析

工程中以扭转为主要变形的杆件很多,如图3-1a)、b)所示的机床传动轴a)和水轮机主轴b)等。这些杆件的受力特点都是在两端作用两个大小相等、方向相反、作用面垂直于杆件轴向的力偶,其变形特点是任意两个横截面都绕轴线发生相对转动,这种变形形式称为扭转变形。工程中以扭转变形为主的杆件称为轴。

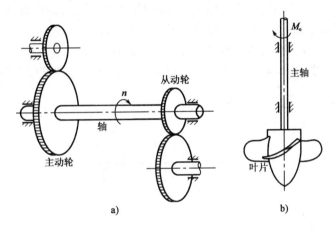

图3-1　扭转的工程实例

工程实际中往往并不直接给出作用于轴上的外力偶矩,而是给出轴所传递的功率和轴的转速。设外力偶矩 M_e(单位为 N·m)作用于轴上,输入到轴上的功率为 P(单位为 kW,$1W = 1N·m$),轴的转速为 n(单位为 r/min),则由功率与力偶做功的关系

$$P \times 1000 = M \times 2\pi \times \frac{n}{60}$$

得

$$M_e = 9549 \frac{P[\text{kW}]}{n[\text{r/min}]}[\text{N·m}] \tag{3-1}$$

作用于轴上的所有外力偶矩都确定后,即可利用截面法来研究横截面上的内力——扭矩。如图3-2a)所示受一对外力偶作用的圆轴 AB 为例,用截面法求任一截面 n-n 上的内力。首先假想将圆轴沿横截面 n-n 截开分成两部分 I 和 II,如图3-2b)所示。

然后取任一部分研究其受力平衡,如取图3-2b)所示左侧部分 I,为满足平衡条件,横截面 n-n 上有切向分布内力的合力偶矩,称为**扭矩**,用 T 表示,单位为 N·m 或 kN·m。由平衡方程

$$\sum M_x = 0, T - M_e = 0$$

得

$$T = M_e$$

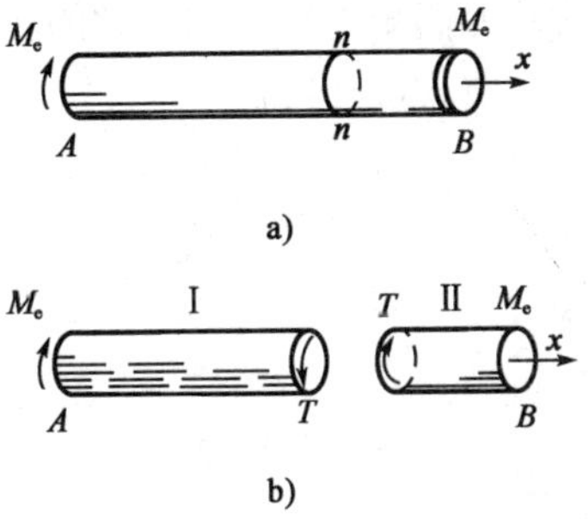

图3-2　截面法求任意截面扭矩

若取右侧部分 Ⅱ 为研究对象,仍然可以得到截面上的扭矩 $T = M_e$,但其转向刚好与左侧部分截面上的扭矩相反,如图 3-2b)所示。

为了使同一截面左右两部分杆件上的扭矩不但数值相等,而且符号相同,通常将扭矩的符

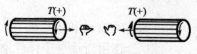

图 3-3 扭矩的符号规定

号作统一规定:按右手螺旋法则将 T 表示为矢量,当矢量方向与截面外法线方向相同时为正,反之为负,如图 3-3 所示。根据这一规定,图 3-3 中同一截面左右两部分上的扭矩大小相等,符号一致,都是正的。

当作用于轴上的外力偶多于两个时,应分段利用截面法求扭矩。为了表示各横截面上扭矩沿轴线的变化情况,以沿轴线的横坐标 x 表示横截面的位置,取扭矩为纵坐标,所绘出的各横截面扭矩的分布图称为扭矩图。下面通过例题说明扭矩图的绘制。

【例 3-1】 如图 3-4a)所示的传动轴的转速 $n = 300 \text{r/min}$,主动轮 A 的功率 $P_A = 400 \text{kW}$,3 个从动轮输出功率分别为 $P_C = 120 \text{kW}$,$P_B = 120 \text{kW}$,$P_D = 160 \text{kW}$,试求指定截面的扭矩并画扭矩图。

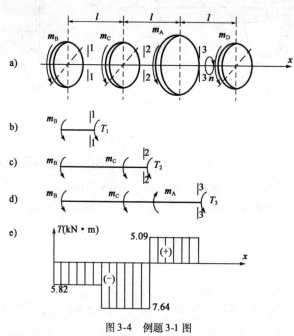

图 3-4 例题 3-1 图

【解】 (1)计算外力偶矩

在确定外力偶矩转向时,应注意到主动轮上的外力偶矩的转向与轴的转向相同,而从动轮的外力偶矩的转向则与轴的转向相反,这是因为从动轮上的外力偶矩是阻力偶矩。

由式(3-1)得

$$m_A = 9549 \frac{P_A}{n} = 12.73 \text{kN} \cdot \text{m}$$

$$m_B = m_C = 9549 \frac{P_B}{n} = 3.82 \text{kN} \cdot \text{m}$$

$$m_D = 9549 \frac{P_D}{n} = 5.09 \text{kN} \cdot \text{m}$$

（2）计算各截面扭矩

用截面 1-1 将轴切开，以截面左侧为研究对象，分析受力，如图 3-4b）所示。

由 $\sum m_x = 0, T_1 + m_B = 0$

解得

$$T_1 = -m_B = -3.82 \text{kN} \cdot \text{m} \qquad ①$$

用截面 2-2 将轴切开，以截面左侧为研究对象，分析受力，如图 3-4c）所示。

由 $\sum m_x = 0, T_2 + m_B + m_C = 0$

解得

$$T_2 = -m_B - m_C = -7.64 \text{kN} \cdot \text{m} \qquad ②$$

用截面 3-3 将轴切开，以截面左侧为研究对象，分析受力，如图 3-4d）所示。

由 $\sum m_x = 0, T_3 - m_A + m_B + m_C = 0$

解得

$$T_3 = m_A - m_B - m_C = 5.09 \text{kN} \cdot \text{m} \qquad ③$$

由①、②、③三式不难得出：任一横截面的扭矩值等于对应截面一侧所有外力偶矩的代数和，且外力偶矩的符号采用右手螺旋法则规定，如果以右手四指表示外力偶矩的转向，则拇指表示的是外力偶矩矢量的方向。当拇指离开截面时产生正扭矩；反之，拇指指向截面时则产生负扭矩。

（3）作扭矩图

先建立 $x-T$ 直角坐标系。x 轴平行于杆轴线表示横截面位置，纵坐标 T 与杆的左端对齐，表示对应截面的扭矩。

然后，将杆各段扭矩变化关系按上述计算结果［式①、②、③］绘于坐标系中，如图 3-4e）所示。

由于轴上有 4 个外力偶将轴的扭矩分为 3 段，每段中各横截面的扭矩值是不变的，所以，画出的 $x-T$ 曲线是一段平行于 x 轴的直线。由于轴上各段的扭矩值不相同，所以，各段的扭矩图曲线高度也不相同。在外力偶作用的截面上，对应扭矩图有突变，突变值等于该截面的外力偶矩的大小，且突变的方向也同外力偶矩的转向有关。当外力偶矩矢量指向右侧，对于该力偶右侧截面来说引起负扭矩变化，所以，在该外力偶矩对应截面处的扭矩图向负向突变；反之，若外力偶矩矢量指向左侧，则该截面扭矩向正向突变。

第二节 薄壁圆筒扭转时的切应力

为了观察薄壁圆筒（壁厚 δ 远小于其平均半径 r_0，$\delta \leqslant r_0/10$）的扭转变形现象，如图 3-5a）所示，先在圆筒表面画上纵向线及圆周线，当圆筒两端加上一对力偶 m 后，筒表面的线条如图 3-5b）所示。小变形情况下，各圆周线的形状和大小没有变化，圆周线相互平行地绕轴线转了不同角度，两条相邻圆周线的间距 dx 不变。由此说明，圆筒横截面及含轴线的纵向截面上均没有正应力，横截面上只有切应力 τ，它组成与外力偶矩 m 相平衡的内力系。因为薄壁的厚度 δ 很小，所以可以认为切应力沿壁厚方向均匀分布（图 3-5c）；又因在同一圆周上各点位移情况完全相同，应力也就相同。

圆筒变形时，各纵向线仍近似为相互平行的直线，只是倾斜了同一微小角度 γ。因此，表面圆周线与纵向线围成的矩形[图3-5a)中的 $abdc$]变形后即为平行四边形[图3-5b)中的 $a'b'd'c'$],矩形直角的改变量为 γ。这种直角的改变量称为切应变,也就是表面纵向线变形后的倾角。这个切应变与横截面上各点的应力是相对应的。如图3-5c)所示,横截面上内力系对 x 轴的力矩应为 $2\pi r_0 \delta \cdot \tau \cdot r_0$,这里 r_0 是圆筒的平均半径。

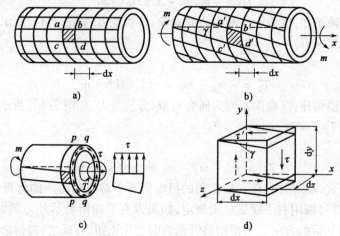

图3-5 薄壁圆筒扭转时的切应力

由 $\quad \sum m_x = 0, T = m = 2\pi r_0 \delta \cdot \pi \cdot r_0$

解得 $$\tau = \frac{m}{2\pi r_0^2 \delta}$$

用相邻的两个横截面、两个纵向半径截面及两个圆柱面,从圆筒中取出边长分别为 dx、dy、dz 的单元体[图3-5d)],单元体左、右两侧面是横截面的一部分,其上有等值、反向的切应力 τ,其组成一个矩为 $(\tau dz dy) dx$ 的力偶,单元体上、下面上的切应力 τ' 必组成一等值、反向的力偶与其平衡。

由 $\sum m_z = 0, (\tau' dz dx) dy - (\tau dz dy) dx = 0$

解得 $\qquad\qquad\qquad\qquad \tau = \tau'$

上式表明:在互相垂直的两个平面上,切应力总是成对存在,且数值相等,两者均垂直两个平面交线,方向则同时指向或同时背离这一交线。这就是切应力互等定理。

如图3-5d)所示的单元体的四个侧面上,只有切应力而没有正应力作用,这种情况称为纯剪切。

第三节 圆轴扭转的应力分析

用截面法,只能求出圆杆横截面上切向分布内力的合力偶矩——扭矩,现进一步研究圆杆横截面上切向分布内力的集度——应力。为了确定横截面上的切应力分布规律,必须首先研究扭转时杆的变形情况,得到变形的变化规律,即变形的几何关系,然后再利用物理关系和静力学关系综合进行分析。

一、几何关系

取一圆杆,在表面上画一系列的圆周线和垂直于圆周线的纵线,它们组成柱面矩形网格如

图 3-6 所示。然后在其两端施加一对大小相等、转向相反的力偶矩 M_e，使其发生扭转。当变形很小时，可以观察到：

（1）变形后所有圆周线的形状、大小和间距均未改变，只是绕杆的轴线作相对转动；

（2）所有的纵线都转过了同一角度 γ，因而所有的矩形都变成了平行四边形。

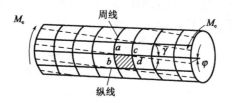

图 3-6　扭转变形

根据以上的表面现象去推测杆内部的变形，可作出如下假设：变形前为平面的横截面，变形后仍为平面，并如同刚性圆盘一样绕杆轴转动，横截面上任一半径始终保持为直线。这一假设称为**平面假设**。

取长为 dx 的一段圆轴进行分析，其两端横截面相对转动相同的角度 $d\varphi$，半径不等的圆柱上产生的切应变各不相同，半径越小者切应变越小，如图 3-7a)、b)所示。

设到圆心的距离为 ρ 处的剪应变为 $\gamma(\rho)$，则从图 3-7 中可得到如下几何关系

$$\gamma(\rho) = \rho \frac{d\varphi}{dx} \tag{3-2}$$

其中，$\dfrac{d\varphi}{dx}$ 称为**单位长度的相对扭转角**。对于同一横截面，$\dfrac{d\varphi}{dx}$ 为常量，所以圆轴扭转时，其横截面上任意点处的切应变与该点至横截面圆心的距离成正比。

二、物理关系

若在弹性范围内加载，即切应力小于剪切比例极限时，切应力与切应变之间存在如下线性关系

$$\tau = G\gamma \tag{3-3}$$

如图 3-8 所示。此即为**剪切胡克定律**，式中 G 为比例常数，称为**切变模量**（Shearing Modulus）。

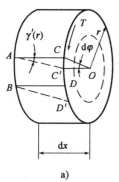 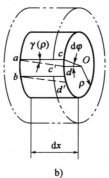 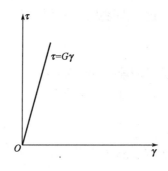

　　a)　　　　　　　　b)

图 3-7　圆轴扭转的几何关系　　　　　图 3-8　剪切胡克定律

三、静力学关系

将式(3-3)代入式(3-2)，得到

$$\tau(\rho) = G\gamma(\rho) = \left(G\frac{d\varphi}{dx}\right)\rho \tag{3-4}$$

其中，$G\dfrac{\mathrm{d}\varphi}{\mathrm{d}x}$ 对于确定的横截面是一个不变的量。

上式表明，横截面上各点的切应力与点到横截面圆心的距离成正比，即切应力沿横截面的半径呈线性分布，方向如图 3-9a) 所示。

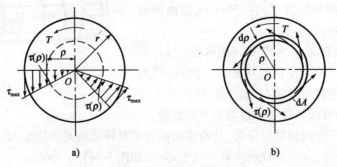

图 3-9 圆轴扭转时横截面上的剪应力分布

作用在横截面上的切应力形成一分布力系，这一力系向截面中心简化结果为一力偶，其力偶矩即为该截面上的扭矩。于是有

$$\int_A \rho[\tau(\rho)\mathrm{d}A] = T \tag{3-5}$$

此即静力学方程。

将式(3-4)代入式(3-5)，即 $T = \int_A \rho^2 G\dfrac{\mathrm{d}\varphi}{\mathrm{d}x}\mathrm{d}A = G\dfrac{\mathrm{d}\varphi}{\mathrm{d}x}\int_A \rho^2\mathrm{d}A$。于是可得

$$\frac{\mathrm{d}\varphi}{\mathrm{d}x} = \frac{T}{GI_P} \tag{3-6}$$

其中

$$I_P = \int_A \rho^2\mathrm{d}A \tag{3-7}$$

I_P 是圆截面对其圆心的极惯性矩，GI_P 称为圆轴的**扭转刚度**。

进一步将式(3-6)代入式(3-4)，得到

$$\tau(\rho) = \frac{T\rho}{I_P} \tag{3-8}$$

这就是圆轴扭转时横截面上任意点的切应力表达式。

对于直径为 d 的实心截面圆轴

$$I_P = \frac{\pi d^4}{32} \tag{3-9}$$

对于内、外直径分别为 d、D 的空心截面圆轴

$$I_P = \frac{\pi D^4}{32}(1-\alpha^4), \alpha = \frac{d}{D} \tag{3-10}$$

从图 3-9a) 中不难看出，最大切应力发生在横截面边缘上各点，其值由下式确定：

$$\tau_{max} = \frac{T\rho_{max}}{I_P} = \frac{T}{W_P} \tag{3-11}$$

其中

$$W_P = \frac{I_P}{\rho_{max}} \tag{3-12}$$

称为圆截面的**扭转截面系数**。

对于直径为 d 的实心圆截面

$$W_{\mathrm{P}} = \frac{\pi d^3}{16} \tag{3-13}$$

对于内、外直径分别为 d、D 的空心截面圆轴

$$W_{\mathrm{P}} = \frac{\pi D^3}{16}(1 - \alpha^4), \alpha = \frac{d}{D} \tag{3-14}$$

为了保证圆轴扭转时的强度安全,必须使最大切应力小于或等于许用切应力。对于等截面圆轴其强度条件为

$$\tau_{\max} = \frac{T_{\max}}{W_{\mathrm{P}}} \leqslant [\tau] \tag{3-15}$$

其中,$[\tau]$ 为材料的许用切应力,其值可从相关的设计手册中查到。对于等截面圆轴最大切应力发生在扭矩最大的横截面上的边缘各点;对于变截面圆轴,如阶梯轴,最大切应力不一定发生在扭矩最大的截面,这时需要根据扭矩 T 和相应抗扭截面模量 W_{P} 的数值综合考虑才能确定。强度条件为 $\tau_{\max} = \frac{T_{\max}}{W_{\mathrm{P}}} \leqslant [\tau]$,利用强度条件可以解决以下三方面的问题,即

(1)校核轴强度;

(2)设计圆轴截面尺寸;

(3)确定轴的许可外荷载。

【**例题 3-2**】 如图 3-10 所示的阶梯形圆轴,AB 段的直径 $d_1 = 50\mathrm{mm}$,BD 段的直径 $d_2 = 70\mathrm{mm}$,外力偶矩分别为:$m_{\mathrm{A}} = 0.7\mathrm{kN \cdot m}$,$m_{\mathrm{C}} = 1.1\mathrm{kN \cdot m}$,$m_{\mathrm{D}} = 1.8\mathrm{kN \cdot m}$。许用切应力 $[\tau] = 40\mathrm{MPa}$。试校核该轴的强度。

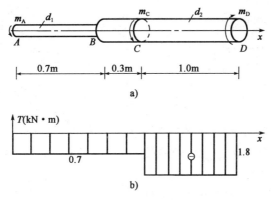

图 3-10 例题 3-2 图

【**解**】 轴的扭矩图如图 3-10b)所示。由扭矩图可知,CD 段的扭矩大于 AB 段的扭矩,但 CD 段的直径也大于 AB 段直径,危险截面可能在这两段,所以对这两段轴均应进行强度校核。

AB 段 $\quad \tau_{\max} = \frac{|T_1|}{W_{\mathrm{P}}} = \frac{16 \times 700}{\pi(50 \times 10^{-3})^3} = 28.5 \times 10^6 \mathrm{Pa} = 28.5\mathrm{MPa} < 40\mathrm{MPa} = [\tau]$

CD 段 $\quad \tau_{\max} = \frac{|T_2|}{W_{\mathrm{P}}} = \frac{16 \times 1800}{\pi(70 \times 10^{-3})^3} = 26.7 \times 10^6 \mathrm{Pa} = 26.7\mathrm{MPa} < 40\mathrm{MPa} = [\tau]$

故该轴满足强度条件。

【**例 3-3**】 图示传动轴的齿轮与轴用平键连接,传递转矩 $M = 4\mathrm{kN \cdot m}$。若键的尺寸 $b = $

24mm、$h = 14\text{mm}$,材料的许用切应力$[\tau] = 80\text{MPa}$,许用挤压应力$[\sigma_{bs}] = 100\text{MPa}$,试求键的长度$l$。

【解】 取分离体,如图3-11b)所示,由$\sum M_O(F) = 0$,得

$$F = \frac{M}{d/2} = \frac{2 \times 4 \times 10^3 \text{N} \cdot \text{m}}{80 \times 10^{-3}\text{m}} = 100\text{kN}$$

键的受力如图3-11c)所示,剪力$F_s = F$,剪切面面积$A_s = bl$。由剪切强度条件

$$\tau = \frac{F_s}{A_s} = \frac{F}{bl} \leqslant [\tau]$$

于是可得

$$l \geqslant \frac{F}{b[\tau]} = \frac{100 \times 10^3 \text{N}}{(24 \times 10^{-3}\text{m})(80 \times 10^6 \text{Pa})} = 52 \times 10^{-3}\text{m} = 52\text{mm}$$

键所受的挤压力$F_{bs} = F$,挤压面面积$A_{bs} = \frac{1}{2}hl$。由挤压强度条件

$$\sigma_{bs} = \frac{F_{bs}}{A_{bs}} = \frac{F}{\frac{h}{2}l} \leqslant [\sigma_{bs}]$$

则

$$l \geqslant \frac{2F}{h[\sigma_{bs}]} = \frac{2 \times 100 \times 10^3 \text{N}}{(14 \times 10^{-3}\text{m})(100 \times 10^6 \text{Pa})} = 142.9\text{mm}$$

故键的长度应取$l \geqslant 143\text{mm}$。在工程实际中,键为标准件,应按有关规定选用。这里可选用平键$24\text{mm} \times 12\text{mm} \times 160\text{mm}$。

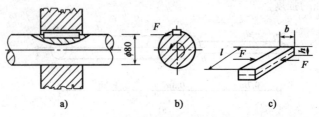

图3-11 例题3-3 图

【例3-4】 设有一实心圆轴与一内径为其3/4外径的空心圆轴(图3-12),两轴材料及长度相同。承受外力偶矩均为m,已知两轴的最大切应力相等,试比较两轴的重量。

【解】 设实心轴的直径为d,空心轴的外径为D。

(1)实心轴直径d与空心轴外径D之间的关系

两轴各横截面上的扭矩相同,均为

$$T = m$$

由最大切应力公式,可得

实心轴

$$\tau_{\text{max}1} = \frac{T}{W_P} = \frac{T}{\frac{\pi}{16}d^3} \qquad ①$$

空心轴

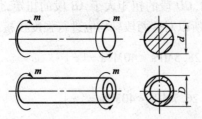

图3-12 例题3-4 图

$$\tau_{\text{max}2} = \frac{T}{W_\text{P}} = \frac{T}{\frac{\pi}{16}D^3\left[1-\left(\frac{3}{4}\right)^4\right]} = \frac{T}{\frac{\pi}{16}(0.684)D^3}$$

② 学习记录

由 $\tau_{\text{max}1} = \tau_{\text{max}2}$ 可得

$$\frac{\pi}{16}d^3 = \frac{\pi}{16}(0.684)D^3$$

即

$$D = 1.135d$$

（2）两轴的重量比

$$重量比 = \frac{\frac{\pi}{4}\left[D^2-\left(\frac{3}{4}D\right)^2\right]}{\frac{\pi}{4}d^2} = \frac{0.4375D^2}{d^2} = \frac{0.4375(1.135d)^2}{d^2} = 0.564$$

即空心轴的重量仅为实心轴重量的 56.4%。可见采用空心轴比实心轴更为合理。

第四节　圆轴扭转的变形

机器中的某些轴类构件,除应满足强度要求之外,还不应有过大的扭转变形。圆轴扭转时的变形,是用两横截面绕轴线相对转动的角度来度量的,称之为扭转角。根据式(3-6)

$$\frac{\text{d}\varphi}{\text{d}x} = \frac{T}{GI_\text{P}}$$

可得,相距为 l 的两个截面之间的扭转角计算公式为

$$\varphi = \int_l \text{d}\varphi = \int_l \frac{T}{GI_\text{P}}\text{d}x \tag{3-16}$$

其中,GI_P 称为圆轴的扭转刚度。

若等直圆轴在长度为 l 的范围内扭矩 T 值不变,GI_p 为常量,则两截面的相对扭转角为

$$\varphi = \frac{Tl}{GI_\text{P}}(\text{rad}) \tag{3-17}$$

对于各段扭矩不等或截面极惯性矩不等的阶梯状圆轴等,轴两端面的相对扭转角为

$$\varphi = \sum_{i=1}^{n} \frac{T_i l_i}{GI_{\text{P}i}} \tag{3-18}$$

其中,T_i、l_i、$I_{\text{P}i}$ 分别是各段轴的扭矩、长度和极惯性矩。T 与 I_P 是 x 的连续函数,则可直接用积分式(3-16)计算两端面的相对扭转角。

从上面公式可以看出,扭转角 φ 的大小与两截面间距离 l 有关,在很多情形下,两端面的相对扭转角不能反映圆轴扭转变形的程度,因而采用单位长度扭转角表示圆轴的扭转变形长度。单位长度扭转角即扭转角的变化率,用 θ 表示

$$\theta = \frac{\text{d}\varphi}{\text{d}x} = \frac{T}{GI_\text{P}} \tag{3-19}$$

其单位是 rad/m(弧度/米)。

为了保证机器运动的稳定和工作精度,机械设计中要根据不同要求,对受扭圆轴的变形加以限制,亦即进行刚度设计。扭转刚度设计是将单位长度上的相对扭转角限制在允许的范围内,即必须使构件满足刚度条件

学习记录

$$\theta_{\max} = \frac{T_{\max}}{GI_P} \times \frac{180}{\pi} \leqslant [\theta] \tag{3-20}$$

其中,$[\theta]$为单位长度上的许用相对扭转角,单位为°/m(度/米),其数值根据轴的工作要求而定,例如,用于精密机械的轴$[\theta] = (0.25 \sim 0.5)(°/m)$;一般传动轴$[\theta] = (0.5 \sim 1.0)(°/m)$;刚度要求不高的轴$[\theta] = 2(°/m)$。

【例题 3-5】 钢制空心圆轴的外直径 $D = 100\text{mm}$,内直径 $d = 50\text{mm}$。若要求轴在 2m 长度内的最大相对扭转角不超过 $1.5°$,材料的切变模量 $G = 80.4\text{GPa}$。

(1)求该轴所能承受的最大扭矩;

(2)确定此时轴内最大切应力。

【解】

(1)确定轴所能承受的最大扭矩

根据刚度条件,有

$$\theta = \frac{T}{GI_P} \leqslant [\theta]$$

由已知条件,许用的单位长度上相对扭转角为

$$[\theta] = \frac{1.5°}{2\text{m}} = \frac{1.5}{2} \times \frac{\pi}{180}\text{rad/m} \tag{①}$$

空心圆轴截面的极惯性矩

$$I_P = \frac{\pi D^4}{32}(1 - \alpha^4), \alpha = \frac{d}{D} \tag{②}$$

将式①和式②一并代入刚度条件,得到轴所能承受的最大扭矩为

$$T \leqslant [\theta] \times GI_P = \frac{1.5}{2} \times \frac{\pi}{180}\text{rad/m} \times G \times \frac{\pi D^4}{32}(1 - \alpha^4)$$

$$= \frac{1.5 \times \pi^2 \times 80.4 \times 10^9\text{Pa} \times (100\text{mm} \times 10^{-3})^4 \left[1 - \left(\frac{50\text{mm}}{100\text{mm}}\right)^4\right]}{2 \times 180 \times 32}$$

$$= 9.688 \times 10^3\text{N} \cdot \text{m} = 9.688\text{kN} \cdot \text{m}$$

(2)计算轴在承受最大扭矩时,横截面上的最大切应力

轴在承受最大扭矩时,横截面上最大切应力

$$\tau_{\max} = \frac{T}{W_P} = \frac{16 \times 9.686 \times 10^3\text{N} \cdot \text{m}}{\pi(100\text{mm} \times 10^{-3})^3 \left[1 - \left(\frac{50\text{mm}}{100\text{mm}}\right)^4\right]} = 52.6 \times 10^6\text{Pa} = 52.6\text{MPa}$$

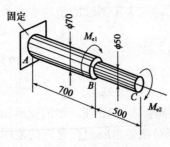

图 3-13 例题 3-6 图(尺寸单位:mm)

【例 3-6】 变截面轴受力如图 3-13 所示,图中尺寸单位为 mm。若已知 $M_{e1} = 1765\text{N} \cdot \text{m}$, $M_{e2} = 1171\text{N} \cdot \text{m}$,材料的切变模量 $G = 80.4\text{GPa}$,求:

(1)轴内最大切应力,并指出其作用位置;

(2)轴内最大相对扭转角 $\varphi_{\max}$。

【解】 (1)确定最大切应力

AB 段

$$T_{AB} = M_{e1} + M_{e2} = 1765 + 1171 = 2936\text{N} \cdot \text{m}$$

$$\tau_{\max} = \frac{T_{AB}}{W_{PAB}} = \frac{2936\text{N} \cdot \text{m}}{\dfrac{\pi \times (70 \times 10^{-3})^3}{16}\text{m}^3} = 43.6\text{MPa}$$

BC 段

$$T_{BC} = M_{e2} = 1171\text{N} \cdot \text{m}$$

$$\tau_{\max} = \frac{T_{BC}}{W_{P2}} = \frac{1171\text{N} \cdot \text{m}}{\dfrac{\pi \times (50 \times 10^{-3})^3}{16}\text{m}^3} = 47 \cdot 7\text{MPa}$$

可见,最大切应力位于 BC 段任意横截面的最外边缘处。

(2)确定轴内最大相对扭转角 $\varphi_{\max}$

轴内最大相对扭转角为 AB、BC 段扭转角之和,即

$$\varphi_{\max} = \varphi_{AB} + \varphi_{BC}$$

$$= \frac{T_{AB}l_1}{GI_{P1}} + \frac{T_{BC}l_2}{GI_{P2}}$$

$$= \frac{2936\text{N} \cdot \text{m} \times 700 \times 10^{-3}\text{m} \times 32}{80.4 \times 10^9\text{Pa} \times \pi \times (70 \times 10^{-3}\text{m})^4} + \frac{1171\text{N} \cdot \text{m} \times 500 \times 10^{-3}\text{m} \times 32}{80.4 \times 10^9\text{Pa} \times \pi \times (50 \times 10^{-3}\text{m})^4}$$

$$= 1.084 \times 10^{-2}\text{rad} + 1.187 \times 10^{-2}\text{rad} = 2.271 \times 10^{-2}\text{rad}$$

【例 3-7】 阶梯形圆轴直径分别为 $d_1 = 40\text{mm}$, $d_2 = 70\text{mm}$,轴上装有三个皮带轮,如图 3-14a)所示。已知由轮 3 输入的功率为 $P_3 = 30\text{kW}$,轮 1 输出的功率为 $P_1 = 13\text{kW}$,轴做匀速转动,转速 $n = 200\text{r/min}$,材料的剪切许用应力 $[\tau] = 60\text{MPa}$,$G = 80\text{GPa}$,许用扭转角 $[\theta] = 2°/\text{m}$。试校核轴的强度和刚度。

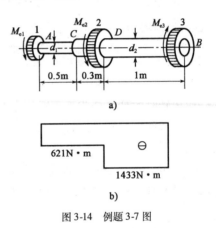

图 3-14 例题 3-7 图

【解】 (1)作用于各轮处的外力偶矩分别为

$$M_{e1} = 9549 \times \frac{P_1}{n} = \left(9549 \times \frac{13}{200}\right)\text{N} \cdot \text{m} = 621\text{N} \cdot \text{m}$$

$$M_{e2} = 9549 \times \frac{P_2}{n} = \left(9549 \times \frac{30 - 13}{200}\right)\text{N} \cdot \text{m} = 812\text{N} \cdot \text{m}$$

根据平衡条件,有

$$M_{e3} = M_{e1} + M_{e2} = (621 + 812)\text{N} \cdot \text{m} = 1433\text{N} \cdot \text{m}$$

轴的扭矩图如图 3-14b)所示。

AC 段的最大切应力为

$$\tau_1 = \frac{T}{W_{P1}} = \frac{621\text{N} \cdot \text{m}}{\dfrac{\pi \times 0.04^3}{16}\text{m}^3} = 49.4\text{MPa} < [\tau] = 60\text{MPa}$$

AC 段的最大工作切应力小于许用切应力,满足强度要求,CD 段的扭矩与 AC 段的相同,但其直径比 AC 段的大,所以 CD 段也满足强度要求。

DB 段上最大切应力为

$$\tau_2 = \frac{T_2}{W_{P2}} = \frac{1433\text{N} \cdot \text{m}}{\dfrac{\pi \times 0.07^3}{16}\text{m}^3} = 21.3\text{MPa} < [\tau] = 60\text{MPa}$$

故 *DB* 段的最大工作切应力小于许用切应力,满足强度要求。

（2）刚度校核

AC 段的最大单位长度扭转角为

$$\theta_1 = \frac{T}{GI_P} \times \frac{180}{\pi} = \frac{621\text{N} \cdot \text{m}}{80 \times 10^9 \times \frac{\pi \times 0.04^4}{32}\text{m}^4} = 1.77°/\text{m} < [\theta] = 2°/\text{m}$$

DB 段的单位长度扭转角为

$$\theta_2 = \frac{T}{GI_P} \times \frac{180}{\pi} = \frac{1433\text{N} \cdot \text{m}}{80 \times 10^9 \times \frac{\pi \times 0.07^4}{32}\text{m}^4}°/\text{m} = 0.435°/\text{m} < [\theta] = 2°/\text{m}$$

各段均满足刚度要求。

第五节　矩形截面杆的扭转简介

前面各节讨论了圆形截面杆的扭转。但工程中有些受扭构件的横截面并非圆形。

在等直圆轴的扭转问题中,分析轴横截面上应力的主要依据的是平面假设。但对于等直

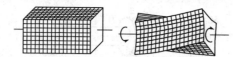

图 3-15　矩形截面杆的扭转

非圆杆(如正方形、矩形、三角形、椭圆形等截面形状直杆),扭转后横截面外周线将改变原来的形状,并且不再位于同一平面内,如图 3-15 所示。从而可推知,非圆截面杆横截面在变形后将发生翘曲。因此,等直圆杆在扭转时的计算公式不再适用于非圆截面杆的扭转问题。

矩形截面杆扭转时,横截面上切应力分布如图 3-16 所示。从图中可以看出,最大切应力发生在矩形截面的长边中点处(图 3-16a);矩形截面周边上各点处的切应力方向必与周边相切(图 3-16b),因为在杆件表面上没有切应力,故由切应力互等定理可知,在横截面周边上各点处不可能有垂直于周边的切应力分量;同理,在矩形截面的角点处切应力必等于零。

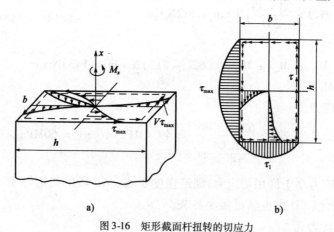

图 3-16　矩形截面杆扭转的切应力

根据弹性力学的研究结果,非圆截面等直杆横截面上最大切应力和单位长度扭转角的计算公式分别为

$$\tau_{max} = \frac{T}{W_t} \tag{3-21}$$

$$\theta = \frac{T}{GI_t} \tag{3-22}$$

式中，W_t 称为相当扭转截面系数；I_t 称为截面的相当极惯性矩；GI_t 称为非圆截面杆的扭转刚度。

矩形截面的 I_t 和 W_t 与截面尺寸的关系如下：

$$I_t = \alpha b^4 \tag{3-23a}$$

$$W_t = \beta b^3 \tag{3-23b}$$

式中，系数 α、β 可从表3-1中查得，其值均随矩形截面的长、短边尺寸 h 和 b 的比值 $\frac{h}{b}$ 而变化。横截面上长边中点有最大切应力 τ_{max}，短边中点处的切应力为该边上各点处切应力中的最大值，按下式计算

$$\tau_1 = \nu \tau_{max} \tag{3-24}$$

式中系数 ν 可由表3-1查得。

矩形截面杆在自由扭转时的因数 α, β 和 ν　　　　表3-1

$\frac{h}{b}$	1.0	1.2	1.5	2.0	2.5	3.0	4.0	6.0	8.0	10.0
α	0.14	0.199	0.294	0.457	0.622	0.790	1.123	1.789	2.456	3.123
β	0.208	0.263	0.346	0.493	0.645	0.801	1.150	1.789	2.456	3.123
ν	1.000	—	0.858	0.796	—	0.753	0.745	0.743	0.743	0.743

注：(1) 当 $h/b > 4$ 时，可按下列近似公式计算 α, β 和 ν：

$$\alpha = \beta \approx \frac{1}{3}\left(\frac{h}{b} - 0.63\right), \nu \approx 0.74$$

(2) 当 $h/b > 10$ 时

$$\alpha = \beta \approx \frac{1}{3} \cdot \frac{h}{b}, \nu \approx 0.74$$

一般地，狭长矩形截面满足 $h/b > 10$（图3-17），所以，I_t 和 W_t 与截面尺寸间的关系为

$$I_t = \frac{1}{3}h\delta^3 \tag{3-25a}$$

$$W_t = \frac{1}{3}h\delta^2 = \frac{I_t}{\delta} \tag{3-25b}$$

上式中，δ 为短边的长度。

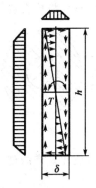

图3-17 切应力的分布

本 章 小 结

本章的主要内容是研究圆轴受扭转时，其内力、应力、变形的分析方法及强度和刚度的计算。对于非圆截面杆的扭转问题只作简单的介绍。

1. 圆轴或圆管扭转时，其横截面上仅有切应力。通过对薄壁圆筒的分析，得到有关切应力的切应力互等定理

$$\tau = \tau'$$

这个规律是研究圆轴扭转时的应力和变形的理论基础,在材料力学的理论分析和试验研究中经常用到。

2. 圆轴扭转时,横截面上的切应力沿半径方向呈线性分布;两截面间将产生相对的转动扭转。计算的基本公式是:

扭转切应力公式

$$\tau_\rho = \frac{T}{I_\rho}\rho$$

扭转变形公式

$$\varphi = \frac{Tl}{GI_\rho}$$

主要应用公式是
强度条件

$$\tau_{max} = \frac{T}{W_P} \leq [\tau]$$

刚度条件

$$\theta = \frac{T}{GI_\rho} \times \frac{180}{\pi} \leq [\theta]$$

思 考 题

3-1 横截面积相同的空心圆轴与实心圆轴,哪一个的强度、刚度较好? 工程中为什么使用实心轴较多?

3-2 若在圆轴表面上画一小圆,试分析圆轴受扭后小圆将变成什么形状? 使小圆产生如此变形的是什么应力?

3-3 低碳钢和铸铁受扭失效时,如何用圆轴扭转时斜截面上的应力解释?

3-4 如图 3-18 所示组合圆轴,内部为钢,外圈为铜,内、外层之间无相对滑动。若该轴受扭后,两种材料均处于弹性范围,横截面上的切应力应如何分布? 两种材料各承受多少扭矩?

3-5 轴线与木纹平行的木质圆杆试样进行扭转试验时,试样最先出现什么样的破坏? 为什么?

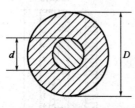

图 3-18

习 题

3-1 图 3-19 所示圆轴指定截面的扭矩,并在各截面上表示出扭矩的转向。

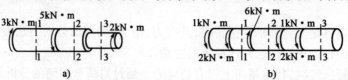

图 3-19 习题 3-1 图

3-2 如图 3-20 所示传动轴转速 $n = 130 \text{r/min}$，$N_A = 13 \text{kW}$，$N_B = 30 \text{kW}$，$N_C = 10 \text{kW}$，$N_D = 7 \text{kW}$。画出该轴扭矩图。

3-3 如图 3-21 所示钢制圆轴上作用有四个外力偶，其矩为 $m_1 = 1 \text{kN} \cdot \text{m}$，$m_2 = 0.6 \text{kN} \cdot \text{m}$，$m_3 = 0.2 \text{kN} \cdot \text{m}$，$m_4 = 0.2 \text{kN} \cdot \text{m}$。

（1）作轴的扭矩图；

（2）若 m_1 和 m_2 的作用位置互换，扭矩图有何变化？

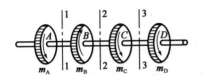
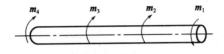

图 3-20 习题 3-2 图   图 3-21 习题 3-3 图

3-4 如图 3-22 所示圆截面轴，AB 与 BC 段的直径分别为 d_1 和 d_2，且 $d_1 = 4d_2/3$。试求轴内的最大扭转切应力。

3-5 空心钢轴的外径 $D = 100 \text{mm}$，内径 $d = 50 \text{mm}$。已知间距为 $l = 2.7 \text{m}$ 之两横截面的相对扭转角 $\varphi = 1.8°$，材料的剪变模量 $G = 80 \text{GPa}$。求：

（1）轴内的最大切应力；

（2）当轴以 $n = 80 \text{r/min}$ 的速度旋转时，轴传递的功率（kW）。

3-6 轴 AB 传递的功率为 $P = 7.5 \text{kW}$，转速 $n = 360 \text{r/min}$。轴 AC 段为实心圆截面，CB 段为空心圆截面，如图 3-23 所示。已知 $D = 3 \text{cm}$，$d = 2 \text{cm}$。试计算 AC 段横截面边缘处的切应力以及 CB 段横截面上内、外边缘处的切应力。

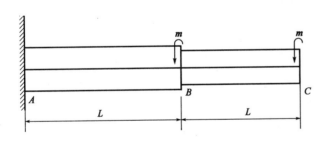
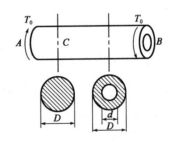

图 3-22 习题 3-4 图   图 3-23 习题 3-6 图

3-7 某小型水电站的水轮机容量为 50kW，转速为 300r/min，钢轴直径为 75mm，如果在正常运转下且只考虑扭矩作用，其许用切应力 $[\tau] = 20 \text{MPa}$。试校核轴的强度。

3-8 如图 3-24 所示阶梯形圆杆，AE 段为空心，外径 $D = 140 \text{mm}$，内径 $d = 100 \text{mm}$，BC 段为实心，直径 $d = 100 \text{mm}$。外力偶矩 $m_A = 18 \text{kN} \cdot \text{m}$，$m_B = 32 \text{kN} \cdot \text{m}$，$m_C = 14 \text{kN} \cdot \text{m}$。已知 $[\tau] = 80 \text{MPa}$，$[\theta] = 1.2°/\text{m}$，$G = 80 \text{GPa}$。试校核该轴的强度和刚度。

3-9 如图 3-25 所示阶梯状圆轴，AB 段直径 $d_1 = 120 \text{mm}$，BC 段直径 $d_2 = 100 \text{mm}$。扭转力偶矩 $M_A = 22 \text{kN} \cdot \text{m}$，$M_B = 36 \text{kN} \cdot \text{m}$，$M_C = 14 \text{kN} \cdot \text{m}$，材料的许用切应力 $[t] = 80 \text{MPa}$。试校核该轴的强度。

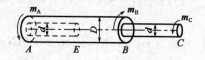

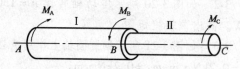

图 3-24 习题 3-8 图   图 3-25 习题 3-9 图

3-10 如图 3-26 所示钢制实心圆截面轴,已知:$M_1 = 1592\text{N} \cdot \text{m}, M_2 = 955\text{N} \cdot \text{m}, M_3 = 637\text{N} \cdot \text{m}$, $l_{AB} = 300\text{mm}, l_{AC} = 500\text{mm}, d = 70\text{mm}$,钢的切变模量 $G = 80\text{GPa}$。试求横截面 C 相对于 B 的扭转角 φ_{BC}。

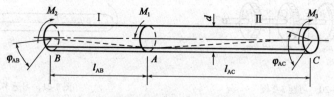

图 3-26 习题 3-10 图

3-11 由 45 号钢制成的某空心圆截面轴,内、外直径之比 $a = 0.5$。已知材料的许用切应力 $[\tau] = 40\text{MPa}$,切变模量 $G = 80\text{GPa}$。轴的最大扭矩 $T_{\max} = 9.56\text{kN} \cdot \text{m}$,许可单位长度扭转角 $[\theta] = 0.3°/\text{m}$。试选择轴的直径。

第四章 DISIZHANG

▶▶▶ 弯曲内力分析

本章导读

杆件承受垂直于其轴线的外力或位于其轴线所在平面内的力偶作用时,其轴线将弯曲成曲线,横截面绕中性轴相对转动的变形形式称为弯曲,以弯曲变形为主要变形的杆件称为梁。在外力作用下,梁的横截面上将产生剪力和弯矩两种剪力和弯矩。本章主要介绍如何建立剪力方程和弯矩方程,怎样根据剪力方程和弯矩方程绘制剪力图与弯矩图,讨论荷载、剪力、弯矩之间的微分关系及其在绘制剪力图和弯矩图中的应用。

学习目标

1. 正确理解梁横截面上的内力、内力图;
2. 掌握剪力方程和弯矩方程,并能应用剪力方程和弯矩方程画内力图;
3. 掌握剪力、弯矩与荷载集度间的关系,并能应用这些关系画内力图。

学习重点

1. 应用剪力方程和弯矩方程画内力图;
2. 应用剪力、弯矩与荷载集度间的关系画内力图。

学习难点

应用剪力、弯矩与荷载集度间的关系画内力图。

本章学习计划

内　　容	建议自学时间 （学时）	学 习 建 议	学 习 记 录
第一节　梁横截面上的内力	1.0	首先应理解剪力、弯矩的符合规定,便于求解内力时画隔离体的受力图	
第二节　剪力方程和弯矩方程	1.5	按照取隔离体、画受力图、列平衡方程的步骤求解剪力方程和弯矩方程	
第三节　剪力、弯矩与荷载集度间的关系	1.5	重点关注不同的分布荷载时内力图的曲线形状	

第一节　梁横截面上的内力

当直杆受到垂直于杆轴线的外力或外力偶作用时,杆件的轴线将由直线变为曲线,这种变形称为弯曲变形。以弯曲变形为主的杆件称为梁。在工程实际中,存在着大量的受弯构件。比如,桥式起重机的大梁[图4-1a)],挡水结构的木桩[图4-1b)]等。

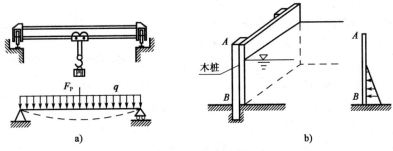

图4-1　弯曲变形的梁

工程中的梁,其横截面大都至少有一个对称轴,因而整个梁至少有一个包含轴线的纵向对称面。当作用于梁上的所有外力都位于纵向对称面内时,弯曲变形后的轴线将在其纵向对称面内弯成一条连续光滑的平面曲线,如图4-2所示,这种弯曲变形形式称为平面弯曲或对称弯曲;若梁没有纵向对称面,或者梁虽有纵向对称面,但外力不作用在对称面内,这种弯曲称为非对称弯曲。平面弯曲是工程实际中最常见的情况,也是最基本的弯曲变形。本章仅介绍以平面弯曲时的内力、应力及变形的计算。为便于分析,通常用梁的轴线代表平面弯曲的实体梁。

如果梁的一端为固定端支座,另一端为自由端,则称为悬臂梁,如图4-3a)所示;若梁的一端是固定铰支座,另一端是活动铰支座,则称为简支梁,如图4-3b)所示;若梁受一个固定铰支座与一个活动铰支座支承,且梁的一端或两端伸出支座以外,则称为外伸梁,如图4-3c)所示。上述三种梁,都仅有三个约束力,可由平面任意力系的三个独立的平衡方程求出,因此称这种梁为静定梁。

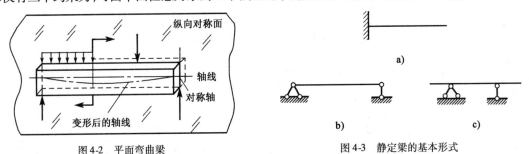

图4-2　平面弯曲梁　　　　　　　　图4-3　静定梁的基本形式

工程中,有时为了提高梁的承载能力、减小变形等需要,在静定梁的基础上增加支承,如图4-4所示,这时梁的支反力数目就要多于独立的平衡方程数目,仅利用平衡方程就无法确定所有支座反力,这种梁称为超静定梁。

图4-4　超静定梁

为了进行梁的强度和刚度计算,首先必须确定梁在外力作用下任一横截面上的内力。如图4-5a)所示简支梁AB,梁跨度为l,受集中荷载F作用,两端约束反力F_A、F_B可由平衡方程求得。为求距A端为x处横截面m-m上的内力,用截面法沿截面m-m假想地将梁分成两部分,取其中任一部分为研究对象。首先取左段为研究对象,受力如图4-5b)所示。由于原来的梁处于平衡状态,取出梁的左段应仍处于平衡状态,所以根据平衡条件,在横截面m-m上一定有一个y方向的内力F_S,且$F_S = F_A$,F_S称为横截面m-m上的剪力,它是与横截面相切的分布内力系的合力;同时,左段梁上各力对截面m-m形心C之矩的代数和为零,由此得出在截面m-m上必有一个力偶M,由$\sum M_C = 0$,得$M = F_A x$,M称为截面m-m上的弯矩,它是与横截面上法向分布内力系的合力偶矩。由此可知,梁弯曲时横截面上一般存在两种内力——剪力和弯矩。

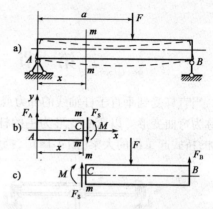

图4-5　截面法求任意横截面的剪力和弯矩

如取截面右侧为研究对象,如图4-5c)所示,用相同的方法也可求得截面m-m上的F_S和M。比较图4-5b)和4-5c),不难发现,m-m截面两侧的内力方向相反。为了使内力在截面两侧的梁段上计算的结果保持一致,对剪力和弯矩的正负号采用如下规定:使分离体截面内侧一小微段有顺时针方向转动趋势的剪力为正,反之为负,如图4-6a)所示;使分离体截面内侧一小微段有下凸变形趋势的弯矩为正,反之为负,如图4-6b)所示。当分离体截面内侧一小微段有下凸变形的趋势时,微段的上侧受压,下侧受拉。

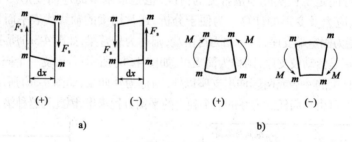

图4-6　弯矩、剪力的符号规定

【例题4-1】　如图4-7a)所示悬臂梁承受集中力F及集中力偶M作用。试确定截面C及截面D上的剪力和弯矩。

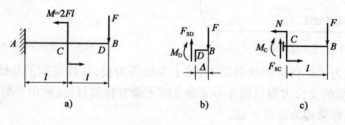

图4-7　例题4-1图

【解】　截面D上的剪力和弯矩

从截面D处将梁截开,取右段为研究对象,如图4-7b)所示。假设D、B两截面之间的距离

为 Δ,由于截面 D 与截面 B 无限接近,且位于截面 B 的左侧,故所截梁段的长度 $\Delta \approx 0$。在截开的横截面上标出待求剪力 F_{SD} 和弯矩 M_D 的正方向。

由平衡方程

$$\sum F_y = 0, F_{SD} - F = 0$$

$$\sum M_D = 0, - M_D - F \times \Delta = 0$$

解得

$$F_{SD} = F, M_D = - F \times \Delta = - F \times 0 = 0$$

截面 C 上的剪力和弯矩

用假想截面从截面 C 处将梁截开,如图 4-7c)所示。取右段为研究对象,在截开的截面上标出待求剪力 F_{SC} 和弯矩 M_C 的正方向。

由平衡方程

$$\sum F_y = 0, F_{SC} - F = 0$$

$$\sum M_C = 0, - M_C + M - F \times l = 0$$

解得

$$F_{SC} = F, M_C = M - F \times l = 2Fl - Fl = Fl$$

【例题 4-2】 梁 ABD 受力及尺寸如图 4-8 所示。试计算横截面 1-1、2-2、3-3 的剪力与弯矩。

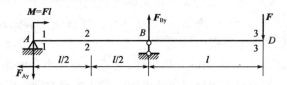

图 4-8 例题 4-2 图

【解】 (1)计算支反力

由静力平衡方程可求出 A、B 两支座处的约束反力为

$$\sum M_A(F) = 0,$$

$$F_{By} \cdot l - F \cdot 2l - F \cdot l = 0, F_{By} = 3F$$

$$\sum F_y = 0,$$

$$- F_{Ay} + F_{By} - F = 0, F_{Ay} = 2F$$

(2)用截面法确定各指定截面的内力

分别用横截面 1-1、2-2、3-3 将杆 ABD 截分为左、右两部分;再分别取各截面的左侧梁段为研究对象,分析受力,如图 4-9a)、b)c)所示。

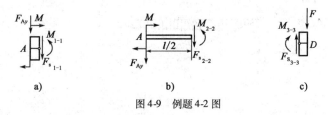

图 4-9 例题 4-2 图

求得各横截面上的剪力和弯矩分别为

$$F_{s1} = -F_{Ay} = -2F \qquad M_1 = M = Fl$$

$$F_{s2} = -F_{Ay} = -2F \qquad M_2 = M - F_{Ay} \cdot \frac{l}{2} = 0$$

$$F_{s3} = F \qquad M_2 = F \cdot 0 = 0$$

第二节　剪力方程和弯矩方程

在一般情况下,梁的不同截面上的内力是不同的,即剪力和弯矩是随截面位置而变化的。由于在进行梁的强度计算时,需要知道各横截面上剪力和弯矩中的最大值以及它们所在截面的位置,因此就必须知道剪力、弯矩随截面而变化的情况。以横坐标 x 轴表示横截面在梁轴线上的位置,将各横截面上的剪力和弯矩表示为 x 的函数,即 $F_S = F_S(x)$,$M = M(x)$,该函数表达式分别称为梁的**剪力方程**和**弯矩方程**。

建立剪力方程和弯矩方程时,先要根据梁上的外力(包括荷载和约束力)作用状况,确定控制面,从而确定要不要分段,以及分几段建立剪力方程和弯矩方程。确定了分段之后,首先,在每一段中任意取一横截面,假设这一横截面的坐标为 x;然后从这一横截面处将梁截开,并假设所截开的横截面上的待求剪力 $F_S(x)$ 和弯矩 $M(x)$ 都是正方向;最后分别应用力的平衡方程和力矩的平衡方程,即可得到剪力 $F_S(x)$ 和弯矩 $M(x)$ 的表达式,这就是所要求的剪力方程 $F_S(x)$ 和弯矩方程 $M(x)$。这一方法和过程实际上与前面所介绍的确定指定横截面上的剪力和弯矩的方法和过程是相似的,所不同的,现在的指定横截面是坐标为 x 的横截面。需要特别注意的是,在剪力方程和弯矩方程中,x 是变量,而 $F_S(x)$ 和 $M(x)$ 则是 x 的函数。

为了便于直观而形象地看到内力的变化规律,通常是将剪力和弯矩沿梁长的变化情况用图形来表示,这种表示剪力和弯矩变化规律的图形分别称为**剪力图**和**弯矩图**。

【**例题 4-3**】　如图 4-10a)所示简支梁 AB。试建立剪力方程和弯矩方程,并作出剪力图和弯矩图。

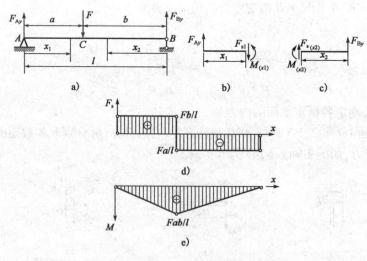

图 4-10　例题 4-3 图

【解】 (1)以整体为研究对象,由静力平衡方程先求出 A、B 两支座处的约束反力,如图 4-10a)所示。

$$\sum M_A(F) = 0, F_{By} \cdot l - F \cdot a = 0, F_{By} = \frac{Fa}{l}$$

$$\sum M_B(F) = 0, F_{Ay} \cdot l - F \cdot b = 0, F_{Ay} = \frac{Fb}{l}$$

(2)分段建立剪力与弯矩方程

由于梁在 C 点处有集中力作用,AC 和 CB 两段的剪力方程和弯矩方程均不相同,故需将梁分为两段,分别写出剪力方程和弯矩方程。

AC 段:

如图 4-10a)所示,以 x_1 截面左侧梁段为研究对象,分析受力,如图 4-10b)所示。x_1 截面的剪力与弯矩方程分别为

$$F_S(x_1) = F_{Ay} = \frac{Fb}{l} \quad (0 < x_1 < a) \qquad ①$$

$$M(x_1) = F_{Ay}x_1 = \frac{Fb}{l}x_1 \quad (0 \leq x_1 \leq a) \qquad ②$$

BC 段:

为方便计算,取 B 点为坐标原点。在距离 B 点 x_2 处取一横截面,以 x_2 截面右侧梁段为研究对象,分析受力,如图 4-10c)所示。x_2 截面的剪力与弯矩方程分别为

$$F_S(x_2) = -F_{By} = -\frac{Fa}{l} \quad (0 < x_2 < b) \qquad ③$$

$$M(x_2) = F_{By}x_2 = \frac{Fa}{l}x_2 \quad (0 \leq x_2 \leq b) \qquad ④$$

(3)画剪力图和弯矩图

由①、③两式可知,左、右两段梁的剪力为常数,因此,剪力图均为平行于 x 轴的直线;由②、④两式可知,左、右两段梁的弯矩方程为斜线方程,因此,弯矩图各为一条斜直线。绘制直线图时,可以取两个点连线,一般取直线的两个端点。

在 $x - F_S$ 坐标系中,剪力用 $F_S(x_1)|_{x_1 \to 0} = \frac{Fb}{l}$ 和 $F_S(x_1)|_{x_1 \to a} = \frac{Fb}{l}$ 两点连线即得 AC 段剪力图图线;用 $F_S(x_2)|_{x_2 \to 0} = -\frac{Fa}{l}$ 和 $F_S(x_2)|_{x_2 \to b} = -\frac{Fa}{l}$ 两点连线即得 CB 段剪力图图线,如图 4-10d)所示。

在 $x - M$ 坐标系中,弯矩用 $M(x_1)|_{x_1=0} = 0$ 和 $M(x_1)|_{x_1=a} = \frac{Fab}{l}$ 两点连线即得 AC 段弯矩图图线;用 $M(x_2)|_{x_2=0} = 0$ 和 $M(x_2)|_{x_2=b} = \frac{Fab}{l}$ 两点连线即得 CB 段弯矩图图线,如图 4-10e)所示。

用上述线段绘制的图形即为梁的剪力图和弯矩图。

绘图时请注意,剪力图的正值图线绘于 x 轴上方,弯矩图的正值图线绘于 x 轴的下方(即弯矩图绘于梁的受拉侧)。

由图可见,在集中力 F 作用点处,左、右横截面上的剪力值有突变,突变量等于 F;而弯矩值不变,说明,集中力不影响该点的弯矩大小,但会改变该点两侧的弯矩图的变化规律,因此,

在集中力作用点处,弯矩图有折角。

【例题4-4】 如图4-11a)所示简支梁,在 C 截面受集中力偶 M 作用。试写出梁的剪力方程和弯矩方程,并作梁的剪力图和弯矩图。

【解】 (1)如图4-11a)所示,由静平衡方程先求出 A、B 两支座处的约束反力为

$$F_A = \frac{M}{l}(\uparrow), F_B = \frac{M}{l}(\downarrow)$$

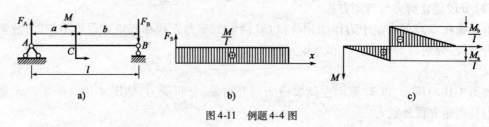

图4-11 例题4-4图

(2)分段建立剪力与弯矩方程

经分析,AC 和 CB 两段梁的剪力没有变化,剪力方程相同,为

$$F_S(x) = F_A = F_B = \frac{M}{l} \quad (0 < x < l) \qquad ①$$

AC 和 CB 两段梁的弯矩不同,所以需要分为两段写出弯矩方程。

AC 段弯矩方程为

$$M(x) = F_A x = \frac{M}{l}x \quad (0 \leqslant x < a) \qquad ②$$

CB 段弯矩方程为

$$M(x) = F_A x - M = -\frac{M}{l}(l-x) \quad (a < x \leqslant l) \qquad ③$$

(3)作剪力图和弯矩图

由①式可绘出整个梁的剪力图是一条平行于 x 轴的直线,如图4-11b)所示;由②、③式可知,左、右两段梁的弯矩图各为一条斜直线,如图4-11c)所示。

由图可见,在集中力偶 M 作用处,左、右横截面上的弯矩值有突变,突变量等于 M;而剪力值不变,因此,集中力偶不影响该点的剪力大小和剪力图的变化规律。

【例题4-5】 如图4-12a)所示,悬臂梁 AB 受集度为 q 的均布荷载作用。试写出梁的剪力方程和弯矩方程,并作剪力图和弯矩图。

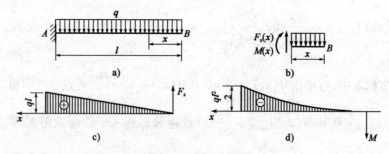

图4-12 例题4-5图

【解】 (1)写剪力方程与弯矩方程

梁上荷载只有分布于全梁的均布力,中间没有集中力或集中力偶,因此,内力控制面为 A、B 内侧截面,不用分段。为计算方便,将坐标原点取在梁的右端 B 处。在距 B 点为 x 处取任一横截面,以截面右侧梁段为研究对象,分析受力,如图4-12b)所示。x 横截面的剪力方程和弯

矩方程分别为

$$F_S(x) = qx \qquad (0 \leqslant x < l) \qquad ①$$

$$M(x) = -qx \cdot \frac{x}{2} = -\frac{qx^2}{2} \qquad (0 \leqslant x < l) \qquad ②$$

(2)画剪力图和弯矩图

由式①可知,剪力图在$(0 \leqslant x < l)$范围内是一条斜直线,这样只需要确定直线上两点即可连线。例如,用 $x = 0$ 和 $x = l$ 处的剪力值 $F_S = 0$ 和 $F_S = ql$,可绘出梁的剪力图,如图 4-12c)所示;

由式②可知,弯矩图在$(0 \leqslant x < l)$范围内是一条二次抛物线,这就需要确定线上至少三个点再连线。例如,取 $x = 0$, $x = \frac{l}{2}$, $x = l$,三个截面对应的弯矩值为 $M = 0$, $M = \frac{ql^2}{8}$, $M = \frac{ql^2}{2}$,将这三点在 $x - M$ 坐标系中连成一条光滑连续的曲线即为弯矩图,如图 4-12d)所示。

由图可见,该梁横截面上的最大剪力为 $F_{S,max} = ql$,最大弯矩(按绝对值)$M_{max} = \frac{ql^2}{2}$,它们都发生在固定端 A 的横截面上。在 AB 梁段上作用的是均布荷载,它使剪力图按线性规律变化,弯矩图按二次曲线规律变化。

【例题 4-6】 如图 4-13a)所示,简支梁受集度为 q 的均布荷载作用。写出梁的剪力方程和弯矩方程,并作梁的剪力图和弯矩图。

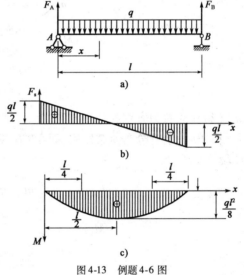

图 4-13 例题 4-6 图

【解】 (1)如图 4-13a)所示,由静平衡方程先求出 A、B 两支座处的约束反力为

$$F_A = F_B = \frac{ql}{2}(\uparrow)$$

(2)写剪力方程与弯矩方程

梁上荷载只有分布于全梁的均布力,中间没有集中力或集中力偶,因此,内力控制面为 A、B 内侧截面,不用分段。以 A 点为坐标原点,在距 A 点为 x 处取任一横截面,写出 x 横截面的剪力方程和弯矩方程分别为

$$F_S(x) = F_A - qx = \frac{ql}{2} - qx \qquad (0 < x < l) \qquad ①$$

$$M(x) = F_A x - qx \cdot \frac{x}{2} = \frac{qlx}{2} - \frac{qx^2}{2} \qquad (0 \leqslant x \leqslant l) \qquad ②$$

(3)画剪力图和弯矩图

由式①、式②可知,剪力图为一条斜直线,如图 4-13b)所示。弯矩图为一条二次抛物线,如图 4-13c)所示。可见,此梁横截面上的最大剪力值(按绝对值)为 $F_S = \frac{ql}{2}$,发生在两个支座的内侧横截面上;最大弯矩其值为 $M_{max} = \frac{ql^2}{8}$,发生在跨中横截面上,该横截面上的剪力为零。

可以令 $\frac{dM}{dx} = \frac{ql}{2} - qx = 0$,求得弯矩抛物线的极值点为 $x = \frac{l}{2}$,代入式①得,该点处横截面的剪力等于零,弯矩为极大值。

综上所述,可得如下结论:在均布力作用的梁段上,剪力图为斜直线,弯矩图为抛物线,在剪力图线与 x 轴的交点处,截面弯矩值取得极大或极小值。

【例题 4-7】 简支梁受力如图 4-14a)所示。试写出梁的剪力方程和弯矩方程,并作剪力图和弯矩图。

【解】 (1)求支座反力

由平衡方程 $\sum M_B = 0$ 和 $\sum M_A = 0$ 分别求得

$$F_A = \frac{3}{8}ql, \quad F_B = \frac{1}{8}ql$$

利用平衡方程 $\sum y = 0$ 对所求反力进行校核。

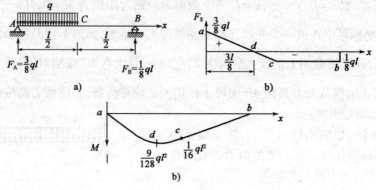

图 4-14 例题 4-7 图

(2)建立剪力方程和弯矩方程

在 AC 段上有分布荷载作用,而在 CB 段无荷载,故分两段建立剪力方程和弯矩方程。

AC 段:

$$F_{S1}(x) = \frac{3}{8}ql - qx \qquad \left(0 < x \leqslant \frac{l}{2}\right)$$

$$M_1(x) = \frac{3}{8}qlx - \frac{1}{2}qx^2 \qquad \left(0 \leqslant x \leqslant \frac{l}{2}\right)$$

CB 段:

$$F_{S2}(x) = -\frac{1}{8}ql \qquad \left(\frac{l}{2} \leqslant x < l\right)$$

$$M_2(x) = \frac{1}{8}ql(l - x) \qquad \left(\frac{l}{2} \leqslant x \leqslant l\right)$$

(3)求控制截面内力,绘 F_S、M 图

F_S 图:

AC 段内,剪力方程 $F_{S1}(x)$ 是 x 的一次函数,剪力图为斜直线,故求出两个端截面的剪力值,$F_{SA右} = \frac{3}{8}ql$,$F_{SC左} = -\frac{1}{8}ql$,分别以 a、c 标在 $F_S - x$ 坐标中,连接 a、c 的直线即为该段的剪力图。CB 段内,剪力方程为常数,求出其中任一截面的内力值,例如 $F_{SB左} = -\frac{1}{8}ql$,连一水平线即为该段剪力图。梁 AB 的剪力图如图 4-14b)所示。

M 图:

AC 段内,弯矩方程 $M_1(x)$ 是 x 的二次函数,表明弯矩图为二次曲线,求出两个端截面的弯矩,$M_A = 0$,$M_C = \frac{1}{16}ql^2$,分别以 a、c 标在 $M\text{-}x$ 坐标中。由剪力图知在 d 点处 $F_S = 0$,该处弯矩取得极值。令剪力方程 $F_{S1}(x) = 0$,解得 $x = \frac{3}{8}l$,求得 $M_1\left(\frac{3}{8}l\right) = \frac{9}{128}ql^2$,以 d 点标在 $M\text{-}x$ 坐标中。据 a、d、c 三点绘出该段的弯矩图。CB 段内,弯矩方程 $M_2(x)$ 是 x 的一次函数,分别求出两个端点的弯矩,以 c、b 标在 $M\text{-}x$ 坐标中,并连成直线。AB 梁的 M 图如图 4-14c) 所示。

第三节 剪力、弯矩与荷载集度间的关系

如图 4-15a) 所示,梁上作用的分布荷载,集度 $q(x)$ 是 x 的连续函数。设分布荷载向上为正,向下为负,坐标系以 O 为原点,取 x 轴向右为正。用坐标分别为 x 和 $x + \mathrm{d}x$ 的两个横截面从梁上截出长为 $\mathrm{d}x$ 的微段,其受力图如图 4-15b) 所示。

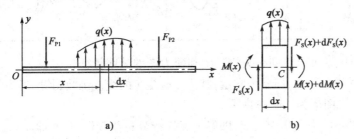

图 4-15 剪力、弯矩与荷载集度间的关系

由

$$\sum F_y = 0, F_S(x) + q(x)\mathrm{d}x - \left[F_S(x) + \mathrm{d}F_S(x)\right] = 0$$

解得

$$\frac{\mathrm{d}F_S(x)}{\mathrm{d}x} = q(x) \tag{4-1}$$

由

$$\sum M_C = 0, -M(x) - F_S(x)\mathrm{d}x - \frac{1}{2}q(x)(\mathrm{d}x)^2 + \left[M(x) + \mathrm{d}M(x)\right] = 0$$

略去二阶微量 $\frac{1}{2}q(x)(\mathrm{d}x)^2$,解得

$$\frac{\mathrm{d}M(x)}{\mathrm{d}x} = F_S(x) \tag{4-2}$$

进一步将式(4-2)代入式(4-1)得

$$\frac{\mathrm{d}^2 M(x)}{\mathrm{d}x^2} = q(x) \tag{4-3}$$

式(4-1) ~ 式(4-3)就是荷载集度、剪力和弯矩间的微分关系。由此可知 $q(x)$ 和 $F_S(x)$ 分别是剪力图和弯矩图的斜率。

如果弯矩方程是 x 的二次函数,则弯矩图为抛物线,抛物线的极值点可由 $\frac{\mathrm{d}M(x)}{\mathrm{d}x} = 0$ 求得。对比式(4-2)发现,弯矩极值点处的截面剪力值等于零。

根据上述微分关系,可将荷载、剪力图和弯矩图的一些对应特征汇总见表 4-1。

剪力、弯矩与外力间的关系　　　　　　　　　　　　　　　　　表 4-1

外力	无外力段 $q=0$	均布载河段 $q>0$　$q<0$	集中力 F　C	集中力偶 m　C
F_S 图特征	水平直线 $F_S>0$　$F_S<0$	斜直线 增函数　减函数	突变 F_{S1}　C F_{S2} $F_{S1}-F_{S2}=F$	无变化 C
M 图特征	斜直线 M　M	抛物线 M　M 上凸　下凸	折角 M	突变 与 m 相反 M_2 M　M_1 $M_1-M_2=m$

总结:从上述关系可以得到有关弯矩图和剪力图的某些特征:

(1)若梁承受均布荷载,即 q 为常量,则 $F_S(x)$ 是 x 的线性函数,其图形为斜直线,而 $M(x)$ 为 x 的二次函数,其图形为二次抛物线。

(2)若梁承受集中力或集中力偶,即梁上无连续分布荷载作用,亦即 $q=0$。这时 $F_S(x)$ 为常量,其图形为平行于 x 轴的直线;而 $M(x)$ 为 x 的线性函数,其图形为斜直线。

此外,根据截面法和平衡条件可以确定,在集中力作用处两侧的截面上剪力发生突变,突变数值等于该处的集中力大小,而弯矩图在该处将有折点(导数不连续)。在集中力偶作用处两侧的截面上弯矩发生突变,其突变数值等于集中力偶的大小,剪力图则不发生突变。应用上述微分关系,可以无须写出 $M(x)$,$F_S(x)$ 方程而较简单地画出弯矩图和剪力图。其方法为:

①由荷载情况判断剪力图和弯矩图的形状;

②用截面法计算剪力图和弯矩图上控制点的坐标(即控制截面的剪力和弯矩值);

③用直线或曲线将各控制点连接起来。

【例题 4-8】 梁的受力如图 4-16a)所示,利用剪力、弯矩与荷载集度间的微分关系作梁的 F_S、M 图。

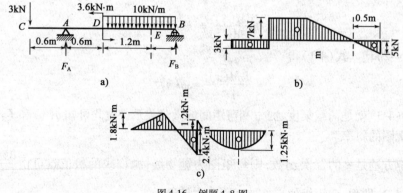

图 4-16　例题 4-8 图

【解】 (1)求支座反力

由平衡条件$\sum M_B = 0$和$\sum M_A = 0$分别求出

$$F_A = 10\text{kN}, F_B = 5\text{kN}$$

利用平衡条件$\sum F_y = 0$进行校核

(2)分段确定曲线形状

由于荷载在A、D处不连续,应将梁分为三段绘内力图。

根据微分关系$\dfrac{\mathrm{d}F_S}{\mathrm{d}x} = q$、$\dfrac{\mathrm{d}M}{\mathrm{d}x} = F_S$和$\dfrac{\mathrm{d}^2 M}{\mathrm{d}x^2} = q$,$CA$和$AD$段内,$q=0$,剪力图为水平线,弯矩图为斜直线;$DB$段内,$q=$常数,且为负值,剪力为斜直线,$M$图为向下凸的抛物线。

(3)求控制截面的内力值,绘F_S、M图

F_S图:$F_{SC右} = -3\text{kN}$,$F_{SA右} = 7\text{kN}$,据此可作出CA和AD两段F_S图的水平线。$F_{SD右} = 7\text{kN}$,$F_{SB左} = -5\text{kN}$,据此作出DB段F_S图的斜直线。

M图:$M_C = 0$,$M_{A左} = -1.8\text{kN}\cdot\text{m}$,据此可以作出$CA$段弯矩图的斜直线。$A$支座的约束反力$F_A$只会使截面$A$左右两侧剪力发生突变,不改变两侧的弯矩值,故$M_{A左} = M_{A右} = M_A = -1.8\text{kN}\cdot\text{m}$,$M_{D左} = 2.4\text{kN}\cdot\text{m}$,据此可作出$AD$段弯矩图的斜直线。$D$处的集中力偶会使$D$截面左右两侧的弯矩发生突变,故需求出$M_{D右} = -1.2\text{kN}\cdot\text{m}$,$M_B = 0$;由$DB$段的剪力图知在$E$处$F_S = 0$,该处弯矩为极值。因$F_B = 5\text{kN}$,根据$BE$段的平衡条件$\sum y = 0$,知$BE$段的长度为$0.5\text{m}$,于是求得$M_E = 1.25\text{kN}\cdot\text{m}$。根据上述三个截面的弯矩值可作出$DB$段的$M$图。支座$A$处剪力图应发生突变,突变值应为$10\text{kN}$;$D$处有集中力偶,$D$截面左右两侧的弯矩应发生突变,而且突变值应为$3.6\text{kN}\cdot\text{m}$。

【例题 4-9】 外伸梁所受荷载如图4-17a)所示。利用剪力、弯矩与荷载集度间的微分关系作剪力图和弯矩图。

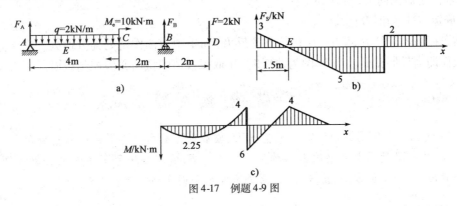

图4-17 例题4-9图

【解】 先求支座反力。

由平衡条件$\sum M_B(F) = 0$和$\sum M_A(F) = 0$分别求出

$$F_A = 3\text{kN}, F_B = 7\text{kN}$$

利用平衡条件$\sum F_y = 0$进行校核。

截面A到C之间的荷载为均布荷载,剪力图为斜直线。由$F_{SA右} = 3\text{kN}$、$F_{SC} = 3 - 2\times4 = -5\text{kN}$,即可确定这条斜直线。截面$C$和$B$之间梁上无荷载,剪力图为平直线。截面$B$上有一集中力$F_B$,故$F_B$右侧截面上的剪力为$F_{SB右} = -5 + 7 = 2\text{kN}$。截面$B$和$D$之间无荷载,剪力图又为平直线,如图4-17b)所示。

在截面 A 上的弯矩 $M_A = 0$，截面 A 到 C 之间的荷载为均布荷载，弯矩图为抛物线，在这段内截面 E 上剪力为零，弯矩取得极值。计算出截面 E 到截面 A 的距离为 $1.5m$，再求出截面 E 上的极值弯矩为 $M_E = 3 \times 1.5 - \frac{1}{2} \times 2 \times 1.5^2 = 2.25kN \cdot m$。求出控制面 C 截面左侧截面上的弯矩 $M_{C左} = -4kN \cdot m$，由 M_A、M_E、$M_{C左}$，便可连成 AC 段的抛物线。截面 C 上有集中力偶 M_e 作用，该处的弯矩图有突变，突变值即为 M_e。所以在 C 截面右侧弯矩为 $M_{C右} = 4 + 10 = 6kN \cdot m$。截面 C 和 B 之间梁上无分布荷载，弯矩图为斜直线。算出控制面 B 上的弯矩 $M_B = -4kN \cdot m$，于是即可确定截面 C、B 间的这条直线。截面 B 到 D 之间弯矩图也为斜直线，而 $M_D = 0$，这条斜直线是很容易画出来的。在截面 B 上有集中力作用，剪力图有突变，弯矩图有折点（弯矩图的斜率发生了变化）。

本 章 小 结

1. 梁在横向荷载作用下，横截面上的内力有剪力和弯矩，分别用 F_s 和 M 表示。求剪力和弯矩的基本方法是截面法，即用一假想的截面将梁截为二段，考虑其中任一段的平衡。利用平衡条件即可求得截面上的剪力和弯矩。

2. 内力的正负号是根据变形规定的：使梁产生顺时针转动的剪力规定为正，反之为负；使梁下部产生拉伸而上部产生压缩的弯矩规定为正，反之为负。

3. 画剪力、弯矩图的方法可以分为两种：根据剪力、弯矩方程作图和利用 q、F_s、M 间的微分关系作图。无论用哪种方法，其作图步骤可以分为四步：

(1) 求支座反力；

(2) 分段列方程或分段利用微分关系确定曲线形状；

(3) 求控制截面内力，绘 Q、M 图；

(4) 确定 $|Q|_{max}$ 和 $|M|_{max}$。

4. 均布荷载不连续处，集中力（包括支座反力）和集中力偶作用处为分段处。通常每段的两个端截面即为控制截面。当 M 图为曲线时，M 取得极值的截面亦为控制截面。

思 考 题

4-1 何谓内力？何谓截面法？一般情况下，横截面上的内力可用几个分量表示？

4-2 如图 4-18 所示悬臂梁的 B 端作用有集中力 F，它与 xOy 平面的夹角如侧视图所示，试说明当截面为圆形、正方形、长方形时，梁是否发生平面弯曲？为什么？

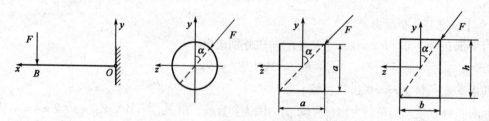

图 4-18 思考题 4-2 图

4-3 材料力学中内力符号的规定与静力学中力的符号规定有何区别？

4-4 梁的剪力图和弯矩图在什么情况下会发生突变？突变值是多少？突变方向如何判断？

4-5 总结本章计算杆件内力和画内力图的方法,你认为最简便的方法是哪一种,为什么?

习　题

4-1 试求图示各梁中指定截面上的剪力、弯矩值。

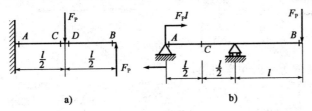

图4-19　习题4-1图

4-2 试求图示各梁中指定截面上的剪力、弯矩值。

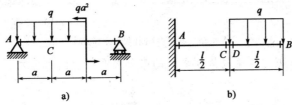

图4-20　习题4-2图

4-3 应用内力方程作各梁的内力图,并求 F_{Smax} 和 M_{max}。

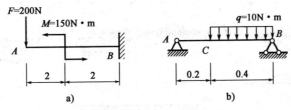

图4-21　习题4-3图(尺寸单位:m)

4-4 应用内力方程作各梁的内力图,并求 F_{Smax} 和 M_{max}。

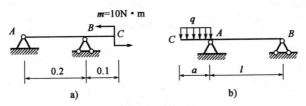

图4-22　习题4-4图(尺寸单位:m)

4-5 利用微分关系绘制剪力图、弯矩图。

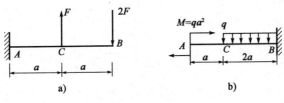

图4-23　习题4-5图

4-6 利用微分关系绘制剪力图、弯矩图。

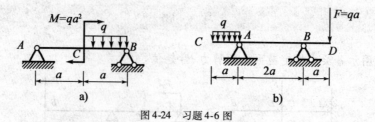

图 4-24 习题 4-6 图

4-7 试作连续梁的剪力图和弯矩图。

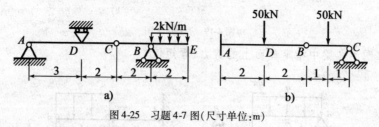

图 4-25 习题 4-7 图(尺寸单位:m)

4-8 试根据弯矩、剪力与荷载集度之间的微分关系指出图示剪力图和弯矩图的错误。

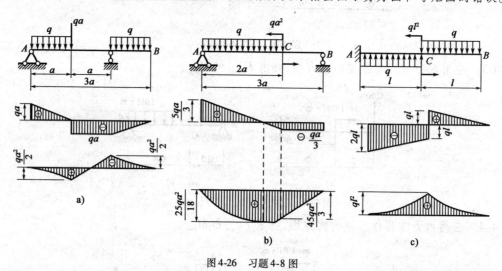

图 4-26 习题 4-8 图

第五章 DIWUZHANG
弯曲应力分析

本章导读

　　梁弯曲时,由于横截面上应力非均匀分布,失效最先从应力最大点处发生。因此,进行弯曲强度计算不仅要考虑内力最大的"危险截面",而且要考虑应力最大的点,这些点称为"危险点"。绝大多数细长梁的失效,主要与正应力有关,剪应力的影响是次要的。本章首先确定弯曲的应力和变形公式;然后介绍弯曲强度设计方法。

学习目标

　　1. 正确理解弯曲正应力的分析方法与过程;
　　2. 正确计算常见截面(圆形、矩形、型钢)杆件横截面上各点的正应力以及横截面上的最大正应力;
　　3. 熟练掌握梁的强度计算的基本方法。

学习重点

　　1. 常见截面(圆形、矩形、型钢)杆件横截面上各点的正应力以及横截面上的最大正应力的计算;
　　2. 梁的强度计算的基本方法。

学习难点

　　常见截面(圆形、矩形、型钢)杆件横截面上各点的正应力以及横截面上的最大正应力的计算。

本章学习计划

内　容	建议自学时间（学时）	学　习　建　议	学　习　记　录
第一节　纯弯曲梁横截面上的正应力	1.5	注意推导弯曲正应力的三个方面,可以和推导扭转切应力的过程对比	
第二节　梁的正应力强度条件	1.0	注意最大的弯曲正应力可能在弯矩最大的截面,或惯性矩最小的截面	
第三节　梁的切应力分析	1.0	对推导过程大致了解即可	
第四节　提高梁强度的措施	0.5	结合梁的正应力强度条件公式理解如何提高梁的强度	

第一节 纯弯曲梁横截面上的正应力

梁或梁上的某段内各横截面上无剪力而只有弯矩,这种弯曲称为纯弯曲。如图5-1a)所示简支梁的 **CD** 段,就是纯弯曲梁段。而梁段 **AC** 及 **DB** 横截面上同时存在剪力和弯矩,这种平面弯曲称为横力弯曲。为使问题简化,我们先分析纯弯曲梁的应力情况。因为纯弯曲梁段的横截面上内力只有弯矩没有剪力,因此,纯弯曲梁段的横截面上只有与弯矩对应的正应力而没有切应力。

与圆轴扭转时分析横截面上应力的方法相同,分析梁横截面上的正应力也需要从变形几何关系、物理关系和静力学关系三个方面综合考虑。

一、几何关系

为观察纯弯曲梁变形现象,在梁表面上作出如图5-2a)所示的纵、横线,当梁两端加横向力偶 M 后,梁段发生纯弯曲变形。如图5-2b)所示:横向线转过了一个角度但仍为直线;纵向线变弯,位于凸边的纵向线伸长了,位于凹边的纵向线缩短了;纵向线变弯后仍与横向线垂直。由此得到:

(1)纯弯曲变形的**平面假设**:梁变形后其横截面仍保持为平面,且仍与变形后的梁轴线垂直;

(2)梁的各纵向纤维层之间无挤压,所有与力偶 M 作用平面相垂直的纵向纤维只产生轴向拉伸或压缩变形。由此可知,纯弯曲梁横截面上只有正应力,而无切应力,且正应力是非均匀分布的,既有拉应力,又有压应力。

由于梁的下部纵向纤维伸长,而上部纵向纤维缩短,由变形的连续性可知,梁内必然有一层长度不变的纤维层,这层称为**中性层**,如图5-2c)所示。中性层与横截面的交线称为**中性轴**,由于荷载作用于梁的纵向对称面内,梁的变形沿纵向对称,则中性轴垂直于横截面的对称轴。梁纯弯曲变形时,横截面绕自身中性轴旋转某一角度。

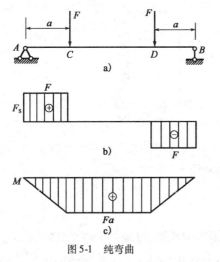

图5-1 纯弯曲

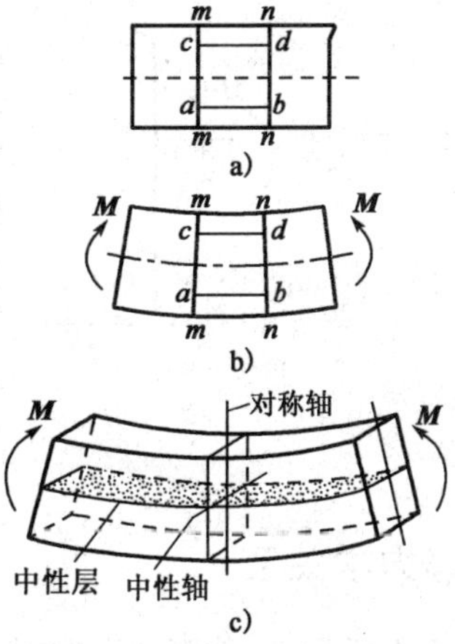

图5-2 纯弯曲梁的变形现象

下面考虑图 5-2a) 中两横截面 $m\text{-}m$、$n\text{-}n$ 之间梁段的变形情况。变形前两截面 $m\text{-}m$ 和 $n\text{-}n$ 的间距为 dx，变形后两截面绕自身中性轴相对转了 $d\theta$ 角，如图 5-3a) 所示。设弧线 O_1O_2 位于中性层上，其对应的曲率半径为 ρ，则 O_1O_2 变形前、后的长度关系为

$$O_1O_2 = \rho\,d\varphi = dx \tag{5-1}$$

现在考虑拉伸纤维层，距中性层为 y 处的一纵向纤维层 ab，变形后长度为

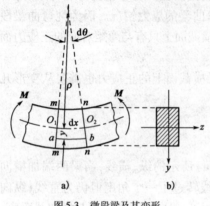

$$ab = (\rho + y)\,d\varphi \tag{5-2}$$

由式(5-1)、式(5-2)可得，y 层纤维 ab 的应变为

$$\varepsilon = \frac{ab - dx}{dx} = \frac{(\rho + y)\,d\theta - \rho\,d\theta}{\rho\,d\theta} = \frac{y}{\rho} \tag{5-3}$$

上式表明，梁内任一层纵向纤维的线应变 ε 与坐标 y 值成正比，坐标 y 的原点在中性轴上，指向梁的受拉侧，如图 5-3b) 所示。由式(5-3)可见，距离中性层越远纤维的应变值越大；y 值可正可负，因此，梁的纤维层有的伸长，有的缩短；当 $y=0$ 时，中性层的长度不变。

图 5-3 微段梁及其变形

二、物理关系

根据轴向拉(压)时的胡克定律，如果横截面上的正应力 $\sigma \leqslant \sigma_p$ 时，则有 $\sigma = E\varepsilon$，将式(5-3)代入其中，得

$$\sigma = E \cdot \frac{y}{\rho} \tag{5-4}$$

上式表明，横截面上任一点的正应力与该纤维层的 y 坐标成正比。即纯弯曲梁横截面上的正应力沿截面高度呈线性分布，其分布规律如图 5-4 所示。由于式(5-4)中的 ρ 为未知，中性轴的位置未定，还不能由此确定 σ。

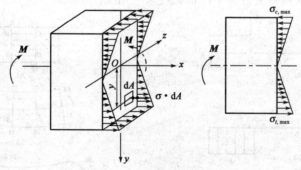

图 5-4 梁横截面正应力分布

三、静力学关系

如图 5-4 所示，取截面的纵向对称轴为 y 轴，z 轴为中性轴，过轴 y、z 的交点沿纵向线取为 x 轴。在横截面上取坐标为 (y,z) 的微面积 dA，则内力为 $\sigma \cdot dA$。于是整个截面上所有内力组成空间平行力系，由 $\sum F_x = 0$，得

$$\int_A \sigma \mathrm{d}A = 0 \qquad (5\text{-}5)$$

将式(5-4)代入式(5-5)得

$$\int_A E \frac{y}{\rho} \mathrm{d}A = \frac{E}{\rho} \int_A y \mathrm{d}A = 0$$

式中，$\int_A y \mathrm{d}A = S_z$，为横截面对中性轴的静矩，因 $\frac{E}{\rho} \neq 0$，则 $S_z = 0$。由 $S_z = A \cdot y_C$ 可知，中性轴 z 必过截面形心。

由 $\sum M_y = 0$，有

$$\int_A z \sigma \mathrm{d}A = 0 \qquad (5\text{-}6)$$

将式(5-4)代入式(5-6)，得

$$\frac{E}{\rho} \int_A yz \mathrm{d}A = 0$$

式中，$\int_A yz \mathrm{d}A = I_{yz}$，为横截面对轴 y、z 的惯性积，因 y 轴为对称轴，且 z 轴又过形心，上式自然满足。

再由 $\sum M_z = M$，有

$$\int_A y \sigma \mathrm{d}A = M \qquad (5\text{-}7)$$

将式(5-4)代入式(5-7)，得

$$M = \frac{E}{\rho} \int_A y^2 \mathrm{d}A$$

式中 $\int_A y^2 \mathrm{d}A = I_z$，为横截面对中性轴的惯性矩，则上式可写为

$$\frac{1}{\rho} = \frac{M}{EI_z} \qquad (5\text{-}8)$$

其中 $1/\rho$ 是梁轴线变形后的曲率。上式表明，当弯矩不变时，EI_z 越大，曲率 $1/\rho$ 越小，说明梁越不容易发生变形，故 EI_z 称为梁的弯曲刚度。

将式(5-8)代入式(5-4)，得

$$\sigma = \frac{My}{I_z} \qquad (5\text{-}9)$$

式(5-9)为梁纯弯曲时横截面上正应力的计算公式。如图9-3所示坐标系，当 $M > 0$，$y > 0$ 时，σ 为拉应力；$M > 0$，$y < 0$ 时，σ 为压应力；$y = 0$ 时，$\sigma = 0$，说明中性层(轴)上无正应力。

工程中实际的梁大多发生横力弯曲，此时梁的横截面由于切应力的存在而发生翘曲。此外，横向力还使各纵向线之间发生挤压。因此，对于梁在纯弯曲时所作的平面假设和纵向线之间无挤压的假设实际上都不再成立。但弹性力学的分析结果表明，在工程应用中可将纯弯曲时的正应力计算公式用于横力弯曲情况。

横力弯曲时,因弯矩随截面位置变化,所以任意横截面上正应力的计算公式为

$$\sigma = \frac{M(x) \cdot y}{I_z} \tag{5-10}$$

一般情况下,对于等截面梁,最大正应力 σ_{max} 常发生在最大弯矩的横截面上距中性轴最远处。于是由式(5-10)得

$$\sigma_{max} = \frac{M_{max} y_{max}}{I_z} \tag{5-10}$$

令

$$\frac{I_z}{y_{max}} = W_z \tag{5-12}$$

则式(5-11)可写为

$$\sigma_{max} = \frac{M_{max}}{W_z} \tag{5-13}$$

式中,W_z 仅与截面的几何形状及尺寸有关,称为截面对中性轴的弯曲截面系数。

若截面是高为 h,宽为 b 的矩形,则

$$W_z = \frac{I_z}{h/2} = \frac{bh^3/12}{h/2} = \frac{bh^2}{6}$$

若截面是直径为 d 的圆形,则

$$W_z = \frac{I_z}{d/2} = \frac{\pi d^4/64}{d/2} = \frac{\pi d^3}{32}$$

若截面是外径为 D、内径为 d 的空心圆形,则

$$W_z = \frac{I_z}{D/2} = \frac{\pi(D^4 - d^4)/64}{D/2} = \frac{\pi D^3}{32}(1 - \alpha^4)$$

$$\alpha = \frac{d}{D}$$

对于轧制型钢(工字型钢等),轴惯性矩 I_z、弯曲截面系数 W 等几何参数可直接从附录的型钢表中查得。

【例题 5-1】 悬臂梁受力及截面尺寸如图 5-5 所示。求:梁的 1-1 截面上 A、B 两点的正应力。

【解】 根据弯曲正应力公式 $\sigma = M_z/I_y$,为了计算应力,必须首先计算该截面上的弯矩,然后确定截面中性轴的位置,并计算整个截面对中性轴的惯性矩。

(1)计算 1-1 截面上的弯矩

应用截面法和平衡条件,求得该截面上的弯矩为

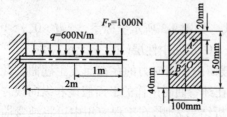

图 5-5 例题 5-1 图

$$M = -1000 \times 1 - 600 \times 1 \times 0.5 = -1300 \text{N} \cdot \text{m}$$

（2）确定中性轴位置，并计算惯性矩

因为截面有两根对称轴，荷载沿着 y 轴方向，则通过形心的另一对称轴 z 必为中性轴。矩形截面对中性轴的惯性矩为

$$I_z = \frac{bh^3}{12} = \frac{100 \times 10^{-3} \text{m} \times (150 \times 10^{-3})^3 \text{m}^3}{12} = 2.81 \times 10^{-5} \text{m}^4$$

（3）确定所求应力点到中性轴的距离，计算各点的应力

本例中给定的是 A 点到截面上沿的距离，和 B 点到截面下沿的距离。于是根据已知条件，得

A 点：

$$y = -\left(\frac{150}{2} - 20\right) = -55 \text{mm}$$

B 点：

$$y = \frac{150}{2} - 40 = 35 \text{mm}$$

这两点的应力分别为

A 点：

$$\sigma = \frac{My}{I_z} = \frac{(-1300)(-55 \times 10^{-3})}{2.81 \times 10^{-5}} = 2.54 \times 10^6 \text{Pa} = 2.54 \text{MPa}$$

B 点：

$$\sigma = \frac{My}{I_z} = \frac{(-1300)(35 \times 10^{-3})}{2.81 \times 10^{-5}} = -1.62 \times 10^6 \text{Pa} = -1.62 \text{MPa}$$

其中"＋"表示拉应力，"－"表示压应力。本例计算中，是根据弯矩的实际方向和符号规定，确定 M 的正负，同时在图示之 Oyz 坐标中确定 y 的正负，这样由公式所得的正、负号即分别表示拉和压。也可以在计算时不考虑 M、y 的正负，最后根据截面上弯矩的实际方向和所求应力点的位置（在中性轴的哪一侧）判断其为拉应力还是压应力。再在结果后面加以说明。

【例题 5-2】 如图 5-6 所示圆轴在 A、B 两处的轴承可近似地视为简支。轴的外伸部分是空心的。求轴内的最大正应力。

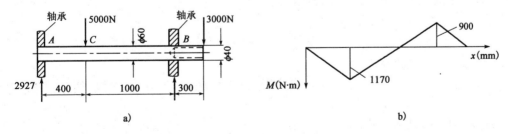

图 5-6 例题 5-2 图（尺寸单位：mm）

【解】 （1）作轴的弯矩图，判断可能的危险截面

轴的弯矩图如图 5-6b）所示，从图中可以看出，在实心部分，C 截面上弯矩最大；在空心部

分,B 截面上弯矩最大。这两处截面上的应力都比较大。

(2)计算实心与空心截面的惯性矩

B 截面:

$$I_z = \frac{\pi}{64}(D^4 - d^4) = \frac{\pi}{64}\left[(60 \times 10^{-3})^4 - (40 \times 10^{-3})^4\right] = 511 \times 10^{-9}\,\mathrm{m}^4$$

C 截面:

$$I_z = \frac{\pi D^4}{64} = \frac{\pi(60 \times 10^{-3})^4}{64} = 636 \times 10^{-9}\,\mathrm{m}^4$$

(3)计算最大应力

B 截面:

$$(\sigma_{max})_B = \frac{My_{max}}{I_z} = \frac{0.90 \times 10^3\,\mathrm{N \cdot m} \times 30 \times 10^{-3}\,\mathrm{m}}{511 \times 10^{-9}\,\mathrm{m}^4} = 52.8 \times 10^6\,\mathrm{Pa} = 52.8\,\mathrm{MPa}$$

C 截面:

$$(\sigma_{max})_C = \frac{My_{max}}{I_z} = \frac{1.17 \times 10^3\,\mathrm{N \cdot m} \times 30 \times 10^{-3}\,\mathrm{m}}{636 \times 10^{-9}\,\mathrm{m}^4} = 55.2 \times 10^6\,\mathrm{Pa} = 55.2\,\mathrm{MPa}$$

所以轴中的最大正应力发生在 C 截面处(即实心部分),其值为

$$\sigma_{max} = 55.2\,\mathrm{MPa}$$

【例题 5-3】 简支梁承受均布荷载作用,如图 5-7 所示。若分别采用截面面积相等的实心圆和空心圆截面,且 $D_1 = 40\,\mathrm{mm}$,$d_2/D_2 = 3/5$,试分别计算它们的最大正应力。并问空心圆截面比实心圆截面的最大正应力减少了百分之几?

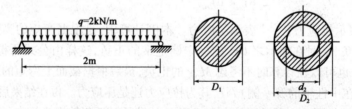

图 5-7 例题 5-3 图

【解】 因空心与实心圆截面面积相等,所以

$$\frac{\pi}{4}D_1^2 = \frac{\pi}{4}(D_2^2 - d_2^2)$$

$$D_1^2 = D_2^2 - d_2^2 = D_2^2 - \left(\frac{3}{5}D_2\right)^2 = \left(\frac{4}{5}D_2\right)^2$$

将 $D_1 = 40\,\mathrm{mm}$ 代入上式,得

$$D_2 = 50\,\mathrm{mm}, d_2 = 30\,\mathrm{mm}$$

均布荷载作用下的简支梁,最大弯矩产生在梁的跨度中点处截面上

$$M_{max} = \frac{ql^2}{8} = \frac{2kN \times (2m)^2}{8} = 1kN \cdot m$$

最大正应力发生在梁跨度中点处截面的上下边缘上。

实心圆截面梁的最大应力

$$\sigma_{1max} = \frac{M_{max}}{W_1} = \frac{32M_{max}}{\pi D_1^3} = \frac{32 \times 1 \times 10^3 N \cdot m}{\pi(0.04m)^3} = 159MPa$$

空心圆截面梁的最大应力

$$\sigma_{2max} = \frac{M_{max}}{W_2} = \frac{M_{max}}{\frac{\pi D_2^3}{32}\left[1 - \left(\frac{d_2}{D_2}\right)^4\right]} = \frac{32 \times 10^3}{\pi(0.05)^3\left[1 - \left(\frac{3}{5}\right)^4\right]}Pa = 93.6MPa$$

空心圆截面梁比实心圆截面梁的最大正应力减少了

$$\frac{\sigma_{1max} - \sigma_{2max}}{\sigma_{max}} = \frac{159 - 93.6}{159} = 41.1\%$$

第二节 梁的正应力强度条件

等截面直梁横截面上的最大正应力发生在最大弯矩所在横截面上距中性轴最远的边缘处,这些点的切应力等于零。由横向力引起的挤压应力可以忽略不计。因此可以认为梁的危险截面上最大正应力所在各点处于单向应力状态。于是可按单向应力状态下的强度条件形式来建立梁的正应力强度条件,为

$$\sigma_{max} \leqslant [\sigma] \tag{5-14}$$

其中,$[\sigma]$为材料的许用弯曲正应力,其值可从有关设计手册中查到。

对于中性轴为横截面对称轴的塑性材料制成的等截面梁,上述强度条件可写作

$$\sigma_{max} = \frac{M_{max}}{W_z} \leqslant [\sigma] \tag{5-15}$$

由拉、压许用应力$[\sigma_t]$和$[\sigma_c]$不相等的脆性材料制成的梁,为充分发挥材料的强度,其横截面上的中性轴往往不是对称轴,应尽量使梁的最大工作拉应力 $\sigma_{t,max}$ 和最大工作压应力 $\sigma_{c,max}$ 分别达到(或接近)材料的许用拉应力$[\sigma_t]$和许用压应力$[\sigma_c]$。故其强度条件为

$$\sigma_{t,max} \leqslant [\sigma_t] \tag{5-16a}$$

$$\sigma_{c,max} \leqslant [\sigma_c] \tag{5-16b}$$

这种不对称截面梁进行强度计算时往往会有两个危险截面,即正弯矩最大的截面和负弯矩最大的截面。

利用强度条件可以解决强度的三方面问题:强度校核、设计截面尺寸、确定外荷载。

【例题5-4】 如图5-8所示为操纵杆及其受力情形。若已知右端受力为8500N,I - I矩形截面之高度与宽度比为 $h/b = 3$;材料之许用应力$[\sigma] = 50.0MPa$。求:I - I 截面的高度 h

与宽度 b 各为多少?

【解】 Ⅰ-Ⅰ截面上的弯矩为

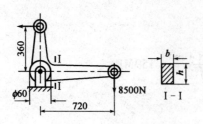

图5-8 例题5-4图(尺寸单位:mm)

$$M = 8500\text{N} \times \left(720 - \frac{160}{2}\right) \times 10^{-3}\text{m} = 5.44 \times 10^3 \text{N} \cdot \text{m}$$

该截面之弯曲截面系数为

$$W_z = \frac{bh^2}{6} = \frac{h^3}{18}$$

强度条件为

$$\sigma_{\max} = \frac{M}{W_z} \leqslant [\sigma]$$

于是得到

$$\frac{5.44 \times 10^3 \text{N} \cdot \text{m}}{\frac{h^3}{18}} \leqslant 50.0 \times 10^6 \text{Pa}$$

由此解出

$$h \geqslant \sqrt[3]{\frac{5.44 \times 10^3 \text{N} \cdot \text{m} \times 18}{50.0 \times 10^6 \text{Pa}}} = 125 \times 10^{-3}\text{m} = 125\text{mm}$$

$$b = \frac{h}{3} = 41.7\text{mm}$$

【例题5-5】 20a号工字钢制之简支梁受力如图5-9a)所示。若已知许用应力$[\sigma] = 160\text{MPa}, a = 2\text{m}$。求:该梁的许用荷载$[F]$。

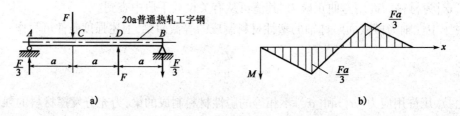

图5-9 例题5-5图

【解】 首先画出梁的弯矩图如图5-9b)所示,C、D两处截面上弯矩最大故为危险面,其上之弯矩值为

$$|M|_{\max} = \frac{Fa}{3}$$

由型钢表查得20a号普通热轧工字钢之弯曲截面系数为

$$W_z = 237\text{cm}^3 = 2.37 \times 10^{-4}\text{m}^3$$

于是根据强度条件

$$\sigma_{\max} = \frac{|M|_{\max}}{W_z} \leqslant [\sigma]$$

得

$$\frac{\dfrac{Fa}{3}}{2.37 \times 10^{-4}\,\mathrm{m}^3} \leqslant 160 \times 10^6\,\mathrm{Pa}$$

解之得

$$F \leqslant \frac{3 \times 160 \times 10^6\,\mathrm{Pa} \times 2.37 \times 10^{-4}\,\mathrm{m}^3}{2\,\mathrm{m}} = 57 \times 10^3\,\mathrm{N} = 57\,\mathrm{kN}$$

梁的许用荷载为$[F] = 57\,\mathrm{kN}$。

【例题 5-6】 铸铁外伸梁的受力及截面尺寸如图 5-10a)所示,横截面对中性轴的惯性矩 $I_z = 7.65 \times 10^{-6}\,\mathrm{m}^4$。若已知铸铁抗拉许用应力为$[\sigma_t] = 40.0\mathrm{MPa}$;抗压许用应力为$[\sigma_c] = 60.0\mathrm{MPa}$。校核梁之强度。

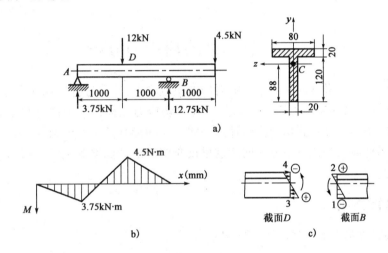

图 5-10 例题 5-6 图(尺寸单位:mm)

【解】 (1)画弯矩图确定危险截面

根据所加荷载和约束力画出梁的弯矩图如图 5-10b)所示。

从图中可以看出:B 截面上弯矩最大,为可能的危险截面之一,D 截面上弯矩虽小,但其上边受压、下边受拉,受拉边到中性轴的距离较大,故拉应力较大,而抗拉许用应力又低于抗压许用应力,所以 D 截面亦为可能的危险截面。因此,在强度校核中,必须对 B、D 两个截面上的危险点进行校核。B、D 面上的弯矩值分别为

B 截面:

$$M = 4500\,\mathrm{N \cdot m}$$

D 截面:

$$M = 3750\,\mathrm{N \cdot m}$$

(2)校核危险点的应力是否满足强度条件

B 截面上 1 点受压;2 点受拉,其应力值分别为

1 点:

$$\sigma_c = \frac{M_B y_1}{I_z} = \frac{4.50 \times 10^3 N \cdot m \times 88 \times 10^{-3} m}{7.65 \times 10^{-6} m^4} = 51.8 \times 10^6 Pa = 51.8 MPa < [\sigma_c]$$

2 点：

$$\sigma_t = \frac{M_B y_2}{I_z} = \frac{4.50 \times 10^3 \times 52 \times 10^{-3}}{7.65 \times 10^{-6}} Pa = 30.6 \times 10^6 Pa = 30.6 MPa < [\sigma_t]$$

所以 B 截面的强度是安全的。

D 截面上 3 点受拉，4 点受压，而且 4 点的压应力要比 B 点的压应力小，所以只需校核 3 点的拉应力。

3 点：

$$\sigma_t = \frac{M_c y_1}{I_z} = -\frac{3.75 \times 10^3 \times 88 \times 10^{-3}}{7.65 \times 10^{-6}} Pa = 43.1 \times 10^6 Pa = 43.1 MPa^2 > [\sigma_t]$$

因而该梁的强度是不安全的。

第三节　梁的切应力分析

横力弯曲时，梁的横截面上除了弯矩对应的正应力外，还有与剪力对应的切应力。切应力计算公式的推导方法和正应力不同。它是首先对切应力在横截面上的分布规律作出部分假设，再由假设的平衡条件得到切应力的计算公式。不同形状的横截面对切应力分布规律假设不同，所得到的切应力公式也不尽相同。这里仅介绍矩形截面梁和工字形截面梁的腹板切应力计算公式，推导过程从略。

一、矩形截面梁

矩形截面梁剪切弯曲时切应力（图 5-11）计算公式为

$$\tau = \frac{F_S S_z^*}{I_z b} \tag{5-17}$$

式中，F_S 为横截面上的剪力；S_z^* 为距中性轴为 y 的横线以外的部分横截面的面积对中性轴 z 的静矩；I_z 为横截面对中性轴 z 的惯性矩；b 为矩形截面的宽度。

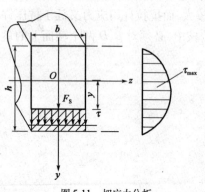

图 5-11　切应力分析

最大切应力为

$$\tau_{max} = \frac{3}{2} \frac{F_S}{bh} \tag{5-18}$$

梁弯曲时的切应力强度条件为

$$\tau_{max} = \frac{F_{Smax} S_{zmax}^*}{I_z b} \leqslant [\tau] \tag{5-19}$$

梁在荷载作用下，进行强度计算时必须同时满足正应力强度条件和切应力强度条件。在选择梁的截面尺寸时，通常先按正应力强度条件定出截面尺寸，再按切应力强度条件校核。

二、工字形截面梁

工字形截面梁由腹板和翼缘组成。横截面上的切应力主要分布于腹板上,翼缘部分的切应力分布比较复杂,数值很小,可以忽略。由于腹板是狭长矩形,则腹板上任一点的切应力可由式(5-17)计算。

如图 5-12a)、b)所示

$$S_z^* = b\delta\left(\frac{h}{2} - \frac{\delta}{2}\right) + \left(\frac{h}{2} - \delta - y\right)d \times \left(\frac{\frac{h}{2} - \delta - y}{2} + y\right) = \frac{b\delta}{2}(h - \delta) + \frac{d}{2}\left[\left(\frac{h}{2} - \delta\right)^2 - y^2\right]$$

在中性轴处($y = 0$),有:

$$\tau_{\max} = \frac{F_S S_{z,\max}^*}{I_z d} = \frac{F_S}{I_z d}\left[\frac{b\delta}{2}(h - \delta) + \frac{d}{2}\left(\frac{h}{2} - \delta\right)^2\right] \tag{5-20}$$

式中,d 为腹板的厚度;$S_{z\max}^*$ 为中性轴一侧的截面面积对中性轴的静矩;对于型钢,比值 $I_z/S_{z\max}^*$ 可直接由型钢表查出。

腹板上的切应力在与中性轴 z 垂直的方向按二次抛物线规律变化[图 5-12c)]。

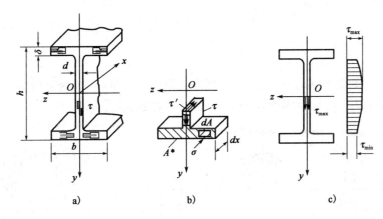

图 5-12 工字形截面梁的切应力

在腹板与翼缘交界处,$y = \frac{h}{2} - \delta$,此处切应力为腹板切应力的最小值,为

$$\tau_{\min} = \frac{F_S}{I_z d} \times \frac{b\delta}{2}(h - \delta) \tag{5-21}$$

【**例题 5-7**】 试计算如图 5-13a)所示矩形截面简支梁的 1-1 截面上 a 点和 b 点的正应力和切应力。

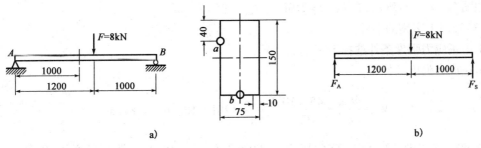

图 5-13 例题 5-7 图(尺寸单位:mm)

【解】 首先应用平衡条件求出支座反力。

$$\sum M_{\mathrm{B}}(F) = 0, F_{\mathrm{A}} \times 2200 - F \times 1000 = 0, F_{\mathrm{A}} = 3.46\mathrm{kN}$$

1-1 截面上的内力

$$F_{\mathrm{S}} = F_{\mathrm{A}} = 3.64\mathrm{kN}, M = F_{\mathrm{A}} \times 1 = 3.64\mathrm{kN} \cdot \mathrm{m}$$

a 点的正应力和切应力

$$\sigma_{\mathrm{a}} = \frac{My_1}{I_z} = \frac{3.64 \times 10^3 \mathrm{N} \cdot \mathrm{m} \times (75 - 40) \times 10^{-3}\mathrm{m}}{\dfrac{1}{12} \times 75 \times 10^{-3} \times 0.15^3 \mathrm{m}^4} = 6.04\mathrm{MPa}$$

$$\tau_{\mathrm{a}} = \frac{F_{\mathrm{S}} S_z^*}{I_z b} = \frac{3.64 \times 10^3 \mathrm{N} \times 40 \times 75 \times 55 \times 10^{-9}\mathrm{m}^3}{\dfrac{1}{12} \times 75 \times 10^{-3} \times 0.15^3 \mathrm{m}^4 \times 75 \times 10^{-3}\mathrm{m}} = 0.379\mathrm{MPa}$$

b 点的正应力和切应力

$$\sigma_{\mathrm{b}} = \frac{M}{W_z} = \frac{3.64 \times 10^3 \mathrm{N} \cdot \mathrm{m}}{\dfrac{1}{6} \times 0.075 \times 0.15^2 \mathrm{m}^3} = 12.9\mathrm{MPa}$$

$$\tau_{\mathrm{b}} = 0$$

【例题 5-8】 如图 5-14a)所示,工字截面简支钢梁。已知 $l = 2\mathrm{m}$, $q = 10\mathrm{kN/m}$, $F = 200\mathrm{kN}$, $a = 0.2\mathrm{m}$。许用应力 $[\sigma] = 160\mathrm{MPa}$, $[\tau] = 100\mathrm{MPa}$。试选择工字钢型号。

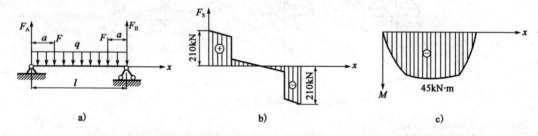

图 5-14 例题 5-7 图

【解】 (1)由结构及荷载分布的对称性得梁的支座反力为

$$F_{\mathrm{A}} = F_{\mathrm{B}} = (ql + 2F)/2 = 210\mathrm{kN}$$

(2)画梁的剪力图和弯矩图

如图 5-14b)、c)所示,有 $F_{\mathrm{Smax}} = 210\mathrm{kN}$, $M_{\max} = 45\mathrm{kN} \cdot \mathrm{m}$

(3)选择工字钢的型号

①由正应力强度条件选择工字钢的型号:

由正应力强度条件得

$$W_z \geqslant \frac{M_{\max}}{[\sigma]} = \frac{45 \times 10^3 \mathrm{N} \cdot \mathrm{m}}{160 \times 10^6 \mathrm{Pa}} = 281 \times 10^{-6}\mathrm{m}^3 = 281\mathrm{cm}^3$$

查型钢表,初选 22a 号工字钢,其 $W_z = 309\mathrm{cm}^3$, $I_z/S_z^* = 18.9\mathrm{cm}$,腹板厚度 $d = 0.75\mathrm{cm}$。

②校核剪切强度：

对 22a 号工字钢进行切应力校核，最大切应力为

$$\tau_{max} = \frac{F_{Smax}}{dI_z/S_{zmax}^*} = \frac{210 \times 10^3 N}{0.75 \times 10^{-2}m \times 18.9 \times 10^{-2}m} = 148MPa > [\tau] = 100MPa$$

由此可知选取 22a 工字钢其切应力强度不够，则需重新选择。选比 22a 工字钢稍大的 22b 工字钢进行试算。22b 号工字钢，由型钢表查得，$W_z = 325cm^3$，$I_z/S_z^* = 21.3cm$，$d = 1cm$。由于 $W_z > 281cm^3$，所以正应力强度条件得到满足，只需要校核切应力强度条件。

$$\tau_{max} = \frac{F_{Smax}}{dI_z/S_{zmax}^*} = \frac{210 \times 10^3 N}{1 \times 10^{-2}m \times 21.3 \times 10^{-2}m} = 98.6MPa < [\tau] = 100MPa$$

因此，应选取 22b 工字钢，可同时满足梁的正应力和切应力强度条件。本例题中，因为两个集中力 F 的数值较大，且距离较近，故最大剪力很大，最大弯矩较小，所以造成其强度由切应力强度条件控制。

第四节　提高梁强度的措施

由于弯曲正应力一般是控制梁强度的主要因素，所以弯曲正应力的强度条件

$$\sigma_{max} = \frac{M_{max}}{W_z} \leq [\sigma]$$

往往是设计梁的主要依据。根据这一条件，要提高梁的承载能力应从两方面考虑，一是合理地布置荷载，以降低最大弯矩的数值；另一方面是采用合理的截面形状，以提高 W_z 的数值。工程上，主要从以下几方面提高梁的强度。

一、选择合理的截面形状

平面弯曲时，梁横截面上的正应力沿着高度方向线性分布，离中性轴越远的点，正应力越大，中性轴附近的各点正应力很小。当离中性轴最远点上的正应力达到许用应力值时，中性轴附近的各点的正应力还远远小于许用应力值。因此，横截面上中性轴附近的材料没有被充分利用。为了使这部分材料得到充分利用，在保持横截面面积不变的前提下，可以将横截面上中性轴附近的材料移到距离中性轴较远处，从而形成"合理截面"。工程结构中常用的空心截面和各种各样的薄壁截面（例如工字形、槽形、箱形截面等）

以宽度为 b、高度为 h 的矩形截面为例，当横截面竖直放置，而且荷载作用在竖直对称面内时，$W/A = 0.167h$；当横截面横向放置，而且荷载作用在短轴对称面内时，$W/A = 0.167b$。如果 $h/b = 2$，则截面竖直放置时的 W/A 值是截面横向放置时的两倍。显然，矩形截面梁竖直放置比较合理。

二、采用变截面梁或等强度梁

前面讨论的梁都是等截面的，W = 常数，但梁在各截面上的弯矩却随截面的位置而变化。由式(9-5)可知，对于等截面梁来说，只有在弯矩为最大值 M_{max} 的截面上，最大应力才有可能接近许用应力。其余各截面上弯矩较小，应力也就较低，材料没有充分利用。为了节约材料，

减轻自重,可改变截面尺寸,使抗弯截面系数随弯矩而变化。在弯矩较大处采用较大截面,而在弯矩较小处采用较小截面,这种截面沿轴线变化的梁,称为变截面梁。变截面梁的正应力计算仍可近似地用等截面梁的公式。如果变截面梁各横截面上的最大正应力都相等,且都等于许用应力,就称为等强度梁。设梁在任一截面上的弯矩为 $M(x)$,而截面的抗弯截面系数为 $W(x)$,根据等强度梁的要求,所有横截面的最大正应力应为

$$\sigma_{max} = \frac{M(x)}{W(x)} = [\sigma]$$

或者写成

$$W(x) = \frac{M(x)}{[\sigma]}$$

上式为等强度梁的 $W(x)$ 沿梁轴线变化的规律。

如图 5-15a) 所示为在集中力 F 作用下的简支等强度梁,截面为矩形,设截面高度 h = 常数,而宽度 b 为 x 的函数,即 $b = b(x)\left(0 \leqslant x \leqslant \frac{l}{2}\right)$,则截面的抗弯截面系数为

$$W(x) = \frac{b(x)h^2}{6} = \frac{M(x)}{[\sigma]} = \frac{\dfrac{F}{2}x}{[\sigma]}$$

于是

$$b(x) = \frac{3Fx}{[\sigma]h^2}$$

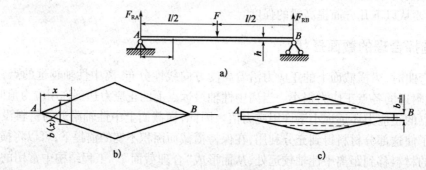

图 5-15　等强度梁

截面宽度 $b(x)$ 是 x 的一次函数,如图 5-15b) 所示。因为荷载对称于跨度中点,因而截面形状也对跨度中点对称。按上式所表示的关系,在梁的两端,$x=0$,$b(x)=0$,支座处截面宽度等于零,这显然不切实际。因而还需要按剪切强度条件设计支座附近截面的宽度。设所需要的最小截面宽度为 b_{min},如图 5-15c) 所示,根据切应力强度条件

$$\tau_{max} = \frac{3F_{Smax}}{2A} = \frac{3}{2}\frac{\dfrac{F}{2}}{b_{min}h} = [\tau]$$

求得

$$b_{min} = \frac{3F}{4h[\tau]}$$

三、支座的合理安排和梁的荷载合理配置

改善梁的受力情况,尽量降低梁内最大弯矩,实质上是减小了梁危险截面上的最大应力值,也就相对提高了梁的强度。如图 5-16a) 所示。简支梁受均布荷载作用时,梁内最大弯矩为

$$M_{max} = \frac{ql^2}{8} = 0.125ql^2$$

若将两端支座靠近,移动距离 $a = 0.2l$(图 5-16b),则最大弯矩减小为

$$M_{max} = \frac{ql^2}{40} = 0.025ql^2$$

只是前者的 1/5。即按图 5-16b) 方案设计支座位置,承载能力可提高 4 倍。

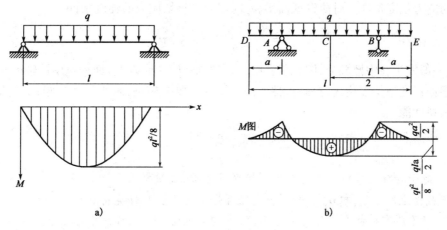

图 5-16　支座的合理安排

再例如,在情况允许的条件下,可以把较大的集中力分散成较小的力,或者改变成分布荷载。图 5-17a) 为简支梁跨度中点作用有集中力,梁的最大弯矩为 $M_{max} = \frac{1}{4}Fl$。如果将集中力 F 分散成图 5-17b) 所示的两个集中力,则最大弯矩降低为 $M_{max} = \frac{1}{8}Fl$。再者,如果将该集中力向支座方靠近,如图 5-17c) 所示,梁的最大弯矩仅为:$M_{max} = \frac{5}{36}Fl$,相比集中力 F 作用于梁的中点,弯矩就小了很多。

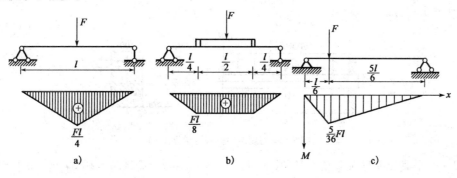

图 5-17　荷载的合理配置

本 章 小 结

1.受弯构件横截面上有两种内力——弯矩和剪力,弯矩 M 在横截面上产生正应力 σ;剪力在横截面上产生切应力 τ。

2.弯曲正应力强度条件。弯曲正应力是影响梁强度的主要因素,对梁的强度计算主要是满足强度条件

$$\sigma_{\max} = \frac{M_{\max}}{W_z} \leqslant [\sigma]$$

其中, $W_z = \dfrac{I_z}{y_{\max}}$ 称为横截面的抗弯截面系数。

3.切应力强度条件。对薄壁截面梁,有时需要校核切应力的强度条件

$$\tau = \frac{Q_{\max}(S_z^*)_{\max}}{bI_z} \leqslant [\tau]$$

$\tau_{\max}$ 一般发生在中性轴处,因此 $(S_z^*)_{\max}$ 为中性轴以下(或以上)面积对中性轴的静矩。

4.根据强度条件表达式,提高构件弯曲强度的主要措施是:减小最大弯矩;提高抗弯截面系数和材料性能。

思 考 题

5-1 对于既有正弯矩区段又有负弯矩区段的梁,如果横截面为上下对称的工字形,则整个梁的横截面上的 $\sigma_{t,\max}$ 和 $\sigma_{c,\max}$ 是否一定在弯矩绝对值最大的横截面上?

5-2 对于所有横截面上弯矩均为正值(或均为负值)的梁,如果中性轴不是横截面的对称轴,则整个梁的横截面上的 $\sigma_{t,\max}$ 和 $\sigma_{c,\max}$ 是否一定在弯矩最大的横截面上?

5-3 试问,在推导对称弯曲正应力公式时作了哪些假设?在什么条件下这些假设才是正确的?

5-4 请区别如下概念:纯弯曲与横力弯曲;中性轴与形心轴;弯曲刚度与抗弯截面系数。

5-5 为什么在直梁弯曲时,中性轴必定通过截面的形心?

习 题

5-1 悬臂梁受力及截面尺寸如图5-18所示,图中的尺寸单位为mm。求:梁的1-1截面上 A、B 两点的正应力。

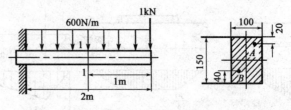

图5-18 习题5-1图(尺寸单位:mm)

5-2 矩形截面悬臂梁如图5-19所示,已知 $l=4\text{m}$,$b/h=2/3$,$q=10\text{kN/m}$,$[\sigma]=10\text{MPa}$。试确定此梁横截面的尺寸。

5-3 图 5-20 所示矩形截面简支梁,承受均布荷载 q 作用。若已知 $q=2$kN/m, $l=3$m, $h=2b=240$mm。试求:截面横放(图 5-20b)和竖放(图 5-20c)时梁内的最大正应力,并加以比较。

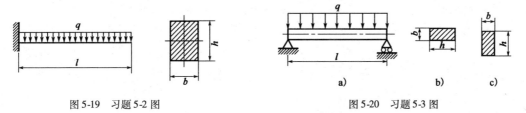

图 5-19 习题 5-2 图　　　　图 5-20 习题 5-3 图

5-4 由 10 号工字钢制成的 ABD 梁,左端 A 处为固定铰链支座,B 点处用铰链与钢制圆截面杆 BC 连接,BC 杆在 C 处用铰链悬挂。已知圆截面杆直径 $d=20$mm,梁和杆的许用应力均为 $[\sigma]=160$MPa,试求:结构的许用均布荷载集度 $[q]$。

5-5 外伸梁 AC 承受荷载如图 5-22 所示,$M_e=40$kN·m,$q=20$kN/m。材料的许用弯曲正应力 $[\sigma]=170$MPa,许用切应力 $[\tau]=100$MPa。试选择工字钢的型号。

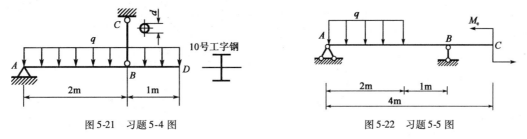

图 5-21 习题 5-4 图　　　　图 5-22 习题 5-5 图

5-6 如图 5-23 所示,试计算在均布荷载作用下,圆截面简支梁内的最大正应力和最大切应力,并指出它们发生于何处。

5-7 试计算如图 5-24 所示 16 号工字钢截面梁内的最大正应力和最大切应力。

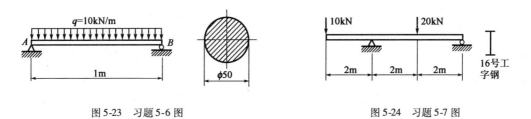

图 5-23 习题 5-6 图　　　　图 5-24 习题 5-7 图

5-8 悬臂梁 AB 受力如图 5-25 所示,其中 $F_P=10$kN,$M=70$kN·m,$a=3$m。梁横截面的形状及尺寸均示于图中(单位为 mm),C 为截面形心(图 5-25b),截面对中性轴的惯性矩 $I_z=1.02\times10^8$ mm^4,拉伸许用应力 $[\sigma]^+=40$MPa,压缩许用应力 $[\sigma]^-=120$MPa。试校核梁的强度是否安全。

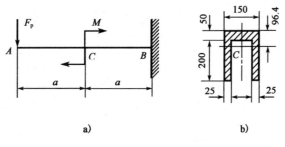

图 5-25 习题 5-8 图(尺寸单位:mm)

弯曲变形分析

本章导读

在平面弯曲的情形下，梁的轴线将弯曲成平面曲线，梁的横截面变形后依然保持平面，且仍与梁变形后的轴线垂直。由于发生弯曲变形，梁横截面的位置发生改变，这种改变称为位移。在数学上，确定杆件横截面位移的过程主要是积分运算，积分常数与约束条件和连续条件有关。若材料的应力—应变关系满足胡克定律，且在弹性范围内加载，则位移与力之间存在线性关系。因此，不同的力在同一处引起的同一种位移可以相互叠加。本章将在分析变形与位移关系的基础上，建立确定梁位移的小挠度微分方程及其积分的概念，重点介绍工程上应用的叠加法以及梁的刚度设计准则。

学习目标

1. 正确理解弯曲变形与位移的基本概念；
2. 正确理解小挠度微分方程的建立过程，以及微分方程的积分、根据约束条件确定积分常数的方法。
3. 熟练掌握确定梁挠度和转角的叠加法。

学习重点

1. 小挠度微分方程的建立过程，以及微分方程的积分、根据约束条件确定积分常数的方法；
2. 确定梁挠度和转角的叠加法。

学习难点

确定梁挠度和转角的叠加法。

本章学习计划

内　容	建议自学时间 （学时）	学习建议	学习记录
第一节　梁的挠度和转角	0.5	重点理解其定义	
第二节　挠曲线近似微分方程	1.0	注意在利用挠曲线近似微分方程求解梁的挠度和转角时，关键是建立边界条件、连续性条件	
第三节　计算梁位移的叠加法	1.5	理解如何进行荷载叠加和变形叠加	
第四节　梁的刚度问题	0.5	结合叠加法计算最大的挠度和转角	

第一节　梁的挠度和转角

梁受外力作用后将产生弯曲变形。在对称弯曲情况下,梁的轴线在纵向对称平面内弯成一条平面曲线,如图 6-1 所示,此曲线称为梁的挠曲线。当材料性能在弹性范围内时,挠曲线也称弹性曲线。一般情况下,挠曲线是一条光滑连续的曲线。梁的变形可用如下两个位移度量:

梁的轴线上任一横截面形心 C 在垂直于 x 轴方向的位移 CC',称为该点的挠度,用 w 表示;实际上,轴线上任一点除有垂直于 x 轴的位移外,还有 x 轴方向的位移,但在小变形情况下,后者是二阶微量,可略去不计。

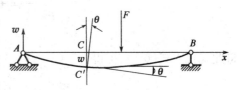

根据平面假设,梁变形后,其任一横截面将绕中性轴转过一个角度,这一角度称为该截面的转角,用 θ 表示。此角度等于挠曲线上点的切线与 x 轴的夹角。

图 6-1　梁的挠度和转角

通常,梁的挠度和转角随横截面位置的不同而改变,是横截面位置坐标 x 的函数。因此,挠度可以用函数表示

$$w = f(x) \tag{6-1}$$

式(6-1)反映了梁变形前轴线任意一点的横坐标 x 与梁在该点挠度 w 之间的函数关系,称为梁的**挠曲线方程**或**挠度方程**,在弹性小变形范围内,转角 θ 很小,则有

$$\theta(x) \approx \tan\theta(x) = \frac{\mathrm{d}w}{\mathrm{d}x} = f'(x) \tag{6-2}$$

式(6-2)称为**转角方程**。转角也是梁横截面位置坐标 x 的函数,可以利用挠曲线方程对 x 的一阶导数计算梁弯曲时的转角 $\theta(x)$。在图 6-1 所示的坐标系中,挠度向上为正,转角逆时针为正。

综上所述,梁弯曲时的变形,可以用挠度和转角来描述。挠曲线方程在任意横截面处的值就是该截面的挠度,挠曲线上任意点切线的斜率等于该点处横截面的转角。知道了挠曲线方程,就可以通过求导确定梁的转角,因此,确定挠曲线方程是计算梁变形的关键。

计算梁的挠度和转角,其目的是对梁进行刚度校核和求解超静定梁。

第二节　挠曲线近似微分方程

梁在线弹性变形范围内发生纯弯曲变形时,梁弯曲后中性层的曲率与横截面上的弯矩 M 之间存在如下关系

$$\frac{1}{\rho} = \frac{M}{EI_z}$$

上式也是确定梁发生纯弯曲变形时,挠曲线曲率的公式。

梁发生横力弯曲变形时,横截面上的剪力也会使梁产生弯曲变形。对于梁的跨度远大于其高度的细长梁,因剪力引起的弯曲变形很小,可以忽略不计,因此上式可推广到横力弯曲。但横力弯曲时弯矩和曲率半径均为横截面位置 x 的函数,即

$$\frac{1}{\rho(x)} = \frac{M(x)}{EI_z} \tag{6-3}$$

由高等数学知识可知,对于任意平面曲线 $w = f(x)$,其任意一点的曲率可表示为

$$\frac{1}{\rho(x)} = \pm \frac{\dfrac{\mathrm{d}^2 w(x)}{\mathrm{d}x^2}}{\left\{ 1 + \left[\dfrac{\mathrm{d}w(x)}{\mathrm{d}x} \right]^2 \right\}^{3/2}}$$

将此式代入式(6-3),可得

$$\pm \frac{\dfrac{\mathrm{d}^2 w(x)}{\mathrm{d}x^2}}{\left\{ 1 + \left[\dfrac{\mathrm{d}w(x)}{\mathrm{d}x} \right]^2 \right\}^{3/2}} = \frac{M(x)}{EI_z} \tag{6-4}$$

在小变形情况下,$\left(\dfrac{\mathrm{d}w}{\mathrm{d}x} \right)^2 \ll 1$,所以,$\left(\dfrac{\mathrm{d}w}{\mathrm{d}x} \right)^2$ 与 1 相比可以忽略不计,于是式(6-4)可以简化为

$$\frac{\mathrm{d}^2 w(x)}{\mathrm{d}x^2} = \pm \frac{M(x)}{EI} \tag{6-5}$$

式(6-5)中的正负号可根据选取的坐标系来确定。

由弯矩的正负号规定可知,当弯矩为正值时,挠曲线为向下凸的曲线,如图 6-2a)所示,此时 $\dfrac{\mathrm{d}^2 w}{\mathrm{d}x^2} > 0$;当弯矩为负值时,挠曲线为向上凸的曲线,如图 6-2b)所示,此时 $\dfrac{\mathrm{d}^2 w}{\mathrm{d}x^2} < 0$。

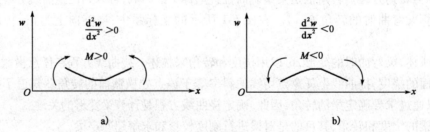

图 6-2 弯矩的正负号规定

由以上分析可知:在图 6-2 中所选取的坐标系中,弯矩与 $\dfrac{\mathrm{d}^2 w}{\mathrm{d}x^2}$ 同号,因此,式(6-5)右边应取正号,于是可得

$$\frac{\mathrm{d}^2 w}{\mathrm{d}x^2} = \frac{M}{EI_z} \tag{6-6}$$

通常将式(6-6)称为挠曲线近似微分方程,其适用范围为线弹性范围。利用该式通过积分的方法,可确定梁弯曲时的挠度和转角。

将微分方程式(6-6)分别积分一次和两次,得到梁的挠度和转角

$$\theta(x) = \frac{\mathrm{d}w}{\mathrm{d}x} = \frac{1}{EI}\int M\mathrm{d}x + C$$

$$w(x) = \frac{1}{EI}\int\left(\int M\mathrm{d}x\right)\mathrm{d}x + Cx + D$$

其中 C 和 D 为积分常数,由梁的约束条件确定。

对于简支梁,其两端约束条件为

$$\begin{cases} x = 0, w = 0 \\ x = l, w = 0 \end{cases}$$

对于一端固定($x = 0$ 处)、一端自由($x = l$ 处)的悬臂梁,固定端处的约束条件为

$$\begin{cases} x = 0, w = 0 \\ x = 0, \dfrac{\mathrm{d}w}{\mathrm{d}x} = 0(或 \theta = 0) \end{cases}$$

集中力作用处,由于梁必须是光滑连续的,梁的挠曲线既不可能间断,也不可能有折点,故该点处两侧的挠度相等、转角相等,即

$$\begin{cases} w_1 = w_2 \\ \theta_1 = \theta_2 \end{cases}$$

如果两根梁由中间铰连接,挠度曲率在中间铰处连续,但转角不连续,即中间铰两侧的挠度相等,转角不相等,即

$$w_1 = w_2$$

【**例题 6-1**】 悬臂梁受力如图 6-3 所示。若 F、EI_z、l 等均为已知。试求:梁的挠度和转角方程及 B 点的转角与挠度。

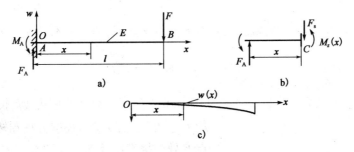

图 6-3 例题 6-1 图

【**解**】 因为在 $0 \leqslant x \leqslant l$ 的范围内外力无突变,故可用一个方程来描写这一段的弯矩。从梁截取任意截面(其坐标为 x),取隔离体如图 6-3b)所示。假设截面上弯矩为正方向,根据平衡条件

$$\sum M_C = 0$$

得到

$$M(x) = -F(l-x) \qquad (0 \leqslant x \leqslant l) \qquad ①$$

梁的挠曲线近似微分方程

$$\frac{\mathrm{d}^2 w(x)}{\mathrm{d}x^2} = \frac{M_z(x)}{EI_z} = \frac{1}{EI_z}(Fx - Fl) \qquad ②$$

积分一次,可得

$$\theta(x) = \frac{\mathrm{d}w(x)}{\mathrm{d}x} = \frac{F}{EI_z}\left(\frac{x^2}{2} - lx\right) + C \qquad ③$$

再积分一次,得

$$w(x) = \frac{F}{EI_z}\left(\frac{x^3}{6} - \frac{l}{2}x^2\right) + Cx + D \qquad ④$$

下面确定积分常数。式③、式④中共有两个积分常数,可由固定端提供的两个约束条件确定,即

$$\begin{cases} x = 0, w(0) = 0 \\ x = 0, \theta(0) = 0 \end{cases} \qquad ⑤$$

这两个条件分别表明,固定端不能产生挠度和转角。

利用这两个条件和式③、式④,解得

$$C = D = 0$$

再将其代入式③和式④,便得到转角和挠度方程分别为

$$\theta(x) = \frac{F}{EI_z}\left(\frac{x^2}{2} - lx\right) = \frac{Fx}{2EI_z}(x - 2l)$$

$$w(x) = \frac{F}{EI_z}\left(\frac{x^3}{6} - \frac{l}{2}x^2\right) = \frac{Fx^2}{6EI_z}(x - 3l)$$

为求加力点 B 处的转角和挠度,只要将 B 点的 x 坐标,即 $x = l$ 代入上述两式,即可得到

$$\theta_B = -\frac{Fl^2}{2EI_z}, w_B = -\frac{Fl^3}{3EI_z}$$

【例题 6-2】 承受集中荷载的简支梁,如图 6-4 所示。梁弯曲刚度 EI、长度 l、荷载 F_P 等均为已知。试求:梁的挠度方程和转角方程,并计算点 B 处的挠度以及支承 A 和 C 处的转角。

【解】 首先,应用静力学方法求得梁在支承 A、C 两处的约束力分别如图 6-4 所示。因为 B 处作用有集中力 F,所以需要分成 AB 和 BC 两段建立弯矩方程。在图示坐标系中,为确定梁在 $0 \sim l/4$ 范围内各截面上的弯矩,只需要考虑左端 A 处的约束力 $3F/4$;

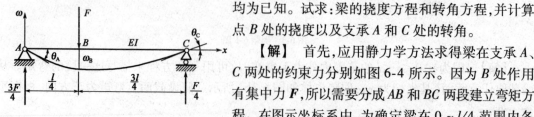

图 6-4　例题 6-2 图

而确定梁在 $l/4 \sim l$ 范围内各截面上的弯矩,则需要考虑左端 A 处的约束力 $3F/4$ 和荷载 F。于是,AB 和 BC 两段的弯矩方程分别为

AB 段
$$M_1(x) = \frac{3}{4}Fx \qquad \left(0 \leqslant x \leqslant \frac{l}{4}\right) \tag{①}$$

BC 段
$$M_2(x) = \frac{3}{4}Fx - F\left(x - \frac{l}{4}\right) \qquad \left(\frac{l}{4} \leqslant x \leqslant l\right) \tag{②}$$

将弯矩表达式代入梁的挠曲线近似微分方程并分别积分

$$EI\frac{d^2 w_1}{dx^2} = M_1(x) = \frac{3}{4}Fx \qquad \left(0 \leqslant x \leqslant \frac{l}{4}\right) \tag{③}$$

$$EI\frac{d^2 w_2}{dx^2} = M_2(x) = \frac{3}{4}Fx - F\left(x - \frac{l}{4}\right) \qquad \left(\frac{l}{4} \leqslant x \leqslant l\right) \tag{④}$$

将式③积分后,得

$$EI\theta_1 = \frac{3}{8}Fx^2 + C_1 \tag{⑤}$$

$$EIw_1 = \frac{1}{8}Fx^3 + C_1 x + D_1 \tag{⑥}$$

将式④积分后,得

$$EI\theta_2 = \frac{3}{8}Fx^2 - \frac{1}{2}F\left(x - \frac{l}{4}\right)^2 + C_2 \tag{⑦}$$

$$EIw_2 = \frac{1}{8}Fx^3 - \frac{1}{6}F\left(x - \frac{l}{4}\right)^3 + C_2 x + D_2 \tag{⑧}$$

其中,C_1、D_1、C_2、D_2 为积分常数,由支承处的约束条件和 AB 段与 BC 段梁交界处的连续条件确定。

在支座 A、C 两处挠度应为零,即

$$\begin{cases} x = 0, w_1 = 0 & \text{⑨} \\ x = l, w_2 = 0 & \text{⑩} \end{cases}$$

因为,梁弯曲后的轴线应为连续光滑曲线,所以 AB 段与 BC 段梁交界处的挠度和转角必须分别相等,即

$$\begin{cases} x = \frac{l}{4}, w_1 = w_2 & \text{⑪} \\ x = \frac{l}{4}, \theta_1 = \theta_2 & \text{⑫} \end{cases}$$

由式⑧得

学习记录

$$D_1 = 0$$

由式⑪、式⑫得到

$$C_1 = C_2$$
$$D_1 = D_2$$

再根据式⑩有

$$0 = \frac{1}{8}Fl^3 - \frac{1}{6}F\left(l - \frac{l}{4}\right)^3 + C_2 l$$

从中解出

$$C_1 = C_2 = -\frac{7}{128}Fl^2$$

将所得的积分常数代入式⑤和式⑦,得到梁的转角和挠度方程为

$$0 \leqslant x < \frac{l}{4} \qquad \theta(x) = \frac{F}{EI}\left(\frac{3}{8}x^2 + \frac{7}{128}l^2\right)$$

$$w(x) = -\frac{F}{EI}\left(\frac{1}{8}x^3 + \frac{7}{128}l^2 x\right)$$

$$\frac{l}{4} \leqslant x \leqslant l \qquad \theta(x) = \frac{F}{EI}\left[\frac{3}{8}x^2 + \frac{1}{2}\left(x - \frac{l}{4}\right)^2 + \frac{7}{128}l^2\right]$$

$$w(x) = -\frac{F}{EI}\left[\frac{1}{8}x^3 + \frac{1}{6}\left(x - \frac{l}{4}\right)^3 + \frac{7}{128}l^2 x\right]$$

据此,可以算得加力点 B 处的挠度和支承处 A、C 的转角分别为

$$w_B = -\frac{3}{256}\frac{Fl^3}{EI}, \theta_A = \frac{7}{128}\frac{Fl^2}{EI}, \theta_B = -\frac{5}{128}\frac{Fl^2}{EI}$$

【例题 6-3】 求如图 6-5 所示简支梁的挠曲线方程,并求挠度和转角的最大值。

【解】 梁的支座反力和所选坐标系如图 6-5 所示。因荷载在 C 处不连续,应分两段列出弯矩方程。

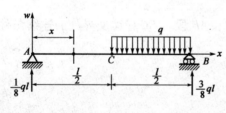

图 6-5 例题 6-3 图

AC 段$\left(0 \leqslant x \leqslant \frac{l}{2}\right)$ $\quad M_1(x) = \frac{1}{8}qlx$

CB 段$\left(\frac{l}{2} \leqslant x \leqslant l\right)$ $M_2(x) = \frac{1}{8}qlx - \frac{1}{2}q\left(x - \frac{l}{2}\right)^2$

下面列出挠曲线近似微分方程,并进行积分

$$\frac{\mathrm{d}^2 w_1}{\mathrm{d}x^2} = \frac{1}{EI}\frac{1}{8}qlx \qquad\qquad \left(0 \leqslant x \leqslant \frac{l}{2}\right) \qquad ①$$

$$\frac{\mathrm{d}^2 w_2}{\mathrm{d}x^2} = \frac{1}{EI}\left[\frac{1}{8}qlx - \frac{1}{2}q\left(x - \frac{l}{2}\right)^2\right] \qquad \left(\frac{l}{2} \leqslant x \leqslant l\right) \qquad ②$$

$$\theta_1(x) = \frac{\mathrm{d}w_1}{\mathrm{d}x} = \frac{1}{EI}\frac{1}{16}qlx^2 + C_1 \qquad\qquad\qquad ③$$

$$\theta_2(x) = \frac{\mathrm{d}w_2}{\mathrm{d}x} = \frac{1}{EI}\left[\frac{1}{16}qlx^2 - \frac{1}{6}q\left(x - \frac{l}{2}\right)^3\right] + C_2 \qquad ④$$

$$w_1(x) = \frac{1}{EI}\frac{1}{48}qlx^3 + C_1x + D_1 \qquad ⑤$$

$$w_2(x) = \frac{1}{EI}\left[\frac{1}{48}qlx^3 - \frac{1}{24}q\left(x - \frac{l}{2}\right)^4\right] + C_2x + D_2 \qquad ⑥$$

根据连续条件

$$x = \frac{l}{2}\ 处, \theta_1 = \theta_2, w_1 = w_2$$

求得 $C_1 = C_2, D_1 = D_2$

根据边界条件

$x = 0, w_1 = 0$，求得 $D_1 = D_2 = 0$

$x = l, w_2 = 0$，求得 $C_1 = C_2 = -\dfrac{7ql^3}{384EI}$

将求得的四个积分常数代回式③~式⑥，求得两段梁的转角和挠度方程，即

$$\theta_1(x) = \frac{1}{EI}\left[\frac{1}{16}qlx^2 - \frac{7}{384}ql^3\right] \qquad ⑦$$

$$\theta_2(x) = \frac{1}{EI}\left[\frac{1}{16}qlx^2 - \frac{1}{6}q\left(x - \frac{l}{2}\right)^3 - \frac{7}{384}ql^3\right] \qquad ⑧$$

$$w_1(x) = \frac{1}{EI}\left[\frac{1}{48}qlx^3 - \frac{7}{384}ql^3x\right] \qquad ⑨$$

$$w_2(x) = \frac{1}{EI}\left[\frac{1}{48}qlx^3 - \frac{1}{24}q\left(x - \frac{l}{2}\right)^4 - \frac{7}{384}ql^3x\right] \qquad ⑩$$

求最大转角和最大挠度

将 $x = 0$ 代入式⑦，求得 $\qquad \theta_A = -\dfrac{7ql^3}{384EI}$ （顺时针）

将 $x = l$ 代入式⑧，求得 $\qquad \theta_B = \dfrac{9ql^3}{384EI}$ （逆时针）

所以 $|\theta|_{max} = \dfrac{9ql^3}{384EI}$，发生在支座 B 处。

将 $x = \dfrac{l}{2}$ 代入式⑦，求得 $\qquad \theta_C = -\dfrac{ql^3}{384EI}$ （顺时针）

故 $\theta = 0$ 的截面位于 CB 段内，令 $\theta_2(x) = 0$，可解得挠度为最大值截面的位置，进而利用 $w_2(x)$ 求出最大挠度值。但对简支梁，通常以跨中截面的挠度近似作为最大挠度。

$$|w|_{max} \approx \left|w\left(\frac{l}{2}\right)\right| = \frac{5ql^4}{768EI}$$

第三节　计算梁位移的叠加法

上一节的计算结果表明,在材料服从胡克定律和小挠度的条件下,挠度和转角均与外加荷载呈线性关系。因此,当梁上作用两个或两个以上的外荷载作用时,梁上任意截面处的挠度与转角分别等于各个荷载在同一截面处引起的挠度和转角的代数和。

但当梁上作用荷载较复杂时,特别是只需确定某些特定截面的转角和挠度时,可利用叠加法求解梁在复杂荷载作用下的变形,以避免冗繁的计算。对于梁上同时作用多个荷载时,由每个荷载在梁上同一截面处所引起的挠度和转角不受其他荷载的影响,可分别计算各简单荷载单独作用时,梁上该截面处的挠度和转角,再将它们进行代数相加,获得多个荷载作用下梁在该截面处的挠度和转角。这种计算梁弯曲时挠度和转角的方法称为**叠加法**。叠加法虽然不是一种独立的计算弯曲变形的方法,但在计算多个荷载作用下梁指定截面处的转角和挠度时比积分法简单、实用。表6-1 给出了部分简单荷载作用下梁的挠曲线方程、端截面转角及梁上最大挠度。

叠加法的步骤是:先利用表6-1 中结果,将多荷载梁分解为表中的单荷载梁;然后将所求单荷载梁中的变形进行代数相加,便得到多个荷载作用下梁上位移。

【**例题 6-4**】　简支梁如图 6-6a)所示。在梁上作用有集中力 F_P 和均布荷载 q,梁的抗弯刚度为 EI,试求简支梁跨中截面的挠度 w_C 及左端支座处的转角 θ_A。

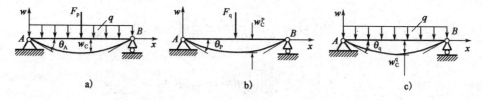

a)　　　　　　　　　　b)　　　　　　　　　　c)

图 6-6　例题 6-5 图

【**解**】　将梁上荷载分解为集中力 F_P 和均布荷载 q 两种简单荷载,如图 6-6b)、c)所示。查表6-1 可得,在 F_P 单独作用下,C 截面处的挠度为

$$w_C^P = -\frac{F_P L^3}{48EI}$$

A 截面的转角为

$$\theta_A^P = -\frac{F_P L^2}{16EI}$$

在 q 单独作用下,C 截面处的挠度为 $w_C^q = -\dfrac{5qL^4}{384EI}$

A 截面的转角为 $\theta_A^q = -\dfrac{qL^3}{24EI}$

根据叠加原理,w_C 和 θ_A 等于 F_P、q 单独作用下产生的挠度和转角的代数和。于是,在 F_P、q 共同作用下 C 截面处的挠度、A 截面的转角分别为

$$w_C = w_C^P + w_C^q = -\left(\frac{F_P L^3}{48EI} + \frac{5qL^4}{384EI}\right)$$

$$\theta_A = \theta_A^P + \theta_A^q = -\left(\frac{F_P L^2}{16EI} + \frac{qL^3}{24EI}\right)$$

表 6-1

梁的挠度和转角公式

荷载类型	转角	最大挠度	挠度方程
1.悬臂梁 集中荷载作用在自由端	$\theta_B = \dfrac{F_P l^2}{2EI}$	$w_{\max} = \dfrac{F_P l^3}{3EI}$	$w(x) = \dfrac{F_P x^2}{6EI}(3l - x)$
2.悬臂梁 弯曲力偶作用在自由端	$\theta_B = \dfrac{Ml}{EI}$	$w_{\max} = \dfrac{Ml^2}{2EI}$	$w(x) = \dfrac{Mx^2}{2EI}$
3.悬臂梁 均布荷载作用在梁上	$\theta_B = \dfrac{ql^3}{6EI}$	$w_{\max} = \dfrac{ql^4}{8EI}$	$w(x) = \dfrac{qx^2}{24EI}(x^2 + 6l^2 - 4lx)$

续上表

荷载类型		转角	最大挠度	挠度方程
4. 简支梁	集中荷载作用在任意位置上	$\theta_A = \dfrac{F_P b(l^2 - b^2)}{6lEI}$ $\theta_B = -\dfrac{F_P ab(2l - b)}{6lEI}$	$w_{max} = \dfrac{F_P b(l^2 - b^2)^{\frac{3}{2}}}{9\sqrt{3}lEI}$ $\left(在\ x = \sqrt{\dfrac{l^2 - b^2}{3}}\ 处\right)$	$w_1(x) = \dfrac{F_P bx}{6lEI}(l^2 - x^2 - b^2)\quad (0 \le x \le a)$ $w_2(x) = \dfrac{F_P b}{6lEI}\left[\dfrac{l}{b}(x-a)^3 + (l^2 - b^2)x - x^3\right]$ $(0 \le x \le l)$
5. 简支梁	均布荷载作用在梁上	$\theta_A = -\theta_B = \dfrac{ql^3}{24EI}$	$w_{max} = \dfrac{5ql^4}{384EI}$	$w(x) = \dfrac{qx}{24EI}(l^3 - 2lx^2 + x^3)$
6. 简支梁	弯曲力偶作用在梁的一端	$\theta_A = \dfrac{Ml}{6EI}$ $\theta_B = -\dfrac{Ml}{3EI}$	$w_{max} = \dfrac{Ml^2}{9\sqrt{3}EI}$ $\left(在\ x = \dfrac{l}{\sqrt{3}}\ 处\right)$	$w(x) = \dfrac{Mlx}{6EI}\left(1 - \dfrac{x^2}{l^2}\right)$

续上表

荷载类型	转角	最大挠度	挠度方程
7. 简支梁 弯曲力偶作用在两支承间任意点	$\theta_A = -\dfrac{M}{6EIl}(l^2-3b^2)$ $\theta_B = -\dfrac{M}{6EIl}(l^2-3a^2)$ $\theta_C = \dfrac{M}{6EIl}(3a^2+3b^2-l^2)$	$w_{max1} = -\dfrac{M(l^2-3b^2)^{\frac{3}{2}}}{9\sqrt{3}EIl}$ $\left(\text{在}\ x=\dfrac{1}{\sqrt{3}}\sqrt{l^2-3b^2}\ \text{处}\right)$ $w_{max2} = -\dfrac{M(l^2-3a^2)^{\frac{3}{2}}}{9\sqrt{3}EIl}$ $\left(\text{在}\ x=\dfrac{1}{\sqrt{3}}\sqrt{l^2-3a^2}\ \text{处}\right)$	$w_1(x) = -\dfrac{Mx}{6EIl}(l^2-3b^2-x^2)\quad(0\le x\le a)$ $w_2(x) = -\dfrac{M(l-x)}{6EIl}[l^2-3a^2-(l-x)^2]$ $(a\le x\le l)$
8. 外伸梁 集中荷载作用在外伸臂端点	$\theta_A = -\dfrac{F_P al}{6EI}$ $\theta_B = \dfrac{F_P al}{3EI}$ $\theta_C = \dfrac{F_P a(2l+3a)}{6EI}$	$w_{max1} = -\dfrac{F_P al^2}{9\sqrt{3}EI}$ $(\text{在}\ x=l/\sqrt{3}\ \text{处})$ $w_{max2} = \dfrac{F_P a^2}{3EI}(a+l)$ (在自由端)	$w_1(x) = -\dfrac{F_P ax}{6EIl}(l^2-x^2)\quad(0\le x\le l)$ $w_2(x) = \dfrac{F_P(l-x)}{6EI}[(x-l)^2+a(l-3x)]$ $(l\le x\le l+a)$
9. 外伸梁 均布荷载作用在外伸臂上	$\theta_A = -\dfrac{qla^2}{12EI}$ $\theta_B = \dfrac{qla^2}{6EI}$	$w_{max1} = -\dfrac{ql^2a^2}{18\sqrt{3}EI}$ $(\text{在}\ x=l/\sqrt{3}\ \text{处})$ $w_{max2} = \dfrac{qa^3}{24EI}(3a+4l)$ (在自由端)	$w_1(x) = -\dfrac{qa^2x}{12EIl}(l^2-x^2)\quad(0\le x\le l)$ $w_2(x) = \dfrac{q(x-l)}{24EI}[2a^2(3x-l)+(x-l)^2\cdot$ $(x-l-4a)]\quad(l\le x\le l+a)$

【例题6-5】 变截面梁如图6-7a)所示,若已知F、L、EI,试求C截面的转角θ_C和挠度w_C。

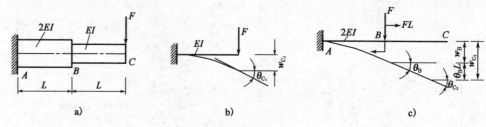

图6-7 例题6-5图

【解】 由于梁ABC在AB段和BC段的抗弯刚度不同,因此无法直接查表6-1计算C截面处的转角和挠度。可利用分段变形的方法计算。先将AB段或BC段视为刚体(即刚化梁段),不变形,而另一段BC或AB段为弹性体,可变形;然后查表6-1,求出分段变形时C截面处的转角和挠度;最后利用叠加原理,将结果代数相加即为所求。

(1)假设AB段刚化:此时,AB段不产生变形,只有BC段产生变形,因此,梁ABC的变形与长度为L、刚度为EI、自由端作用F的悬臂梁等效,如图6-7b)所示。查表可得,C截面的转角和挠度分别为

$$\theta_{C_1} = -\frac{FL^2}{2EI}$$

$$w_{C_1} = -\frac{FL^3}{3EI}$$

(2)假设BC段刚化:此时,BC段不变形,只有AB段变形,需要将自由端C的集中力F_P向变形段AB就近平移至B点(即将力F_P向B截面简化),得一集中力F和一集中力偶FL,如图6-7c)所示。在F和FL共同作用下,AB段的变形与长度为L、刚度为$2EI$、自由端作用F和FL的悬臂梁等效。应用叠加法,查表可得B截面处的转角和挠度分别为

$$\theta_B = -\frac{FL^2}{4EI} - \frac{(FL)L}{2EI} = -\frac{3FL^2}{4EI}$$

$$w_B = -\frac{FL^3}{6EI} - \frac{FL^3}{4EI} = -\frac{5FL^3}{12EI}$$

由于梁的挠曲线在B点光滑连续,当AB段产生变形时,刚化的BC段定要随之倾斜,BC段各横截面均转动相同的角度θ_B,B、C两截面产生相对挠度$\theta_B L$,则C截面处的转角和挠度分别为

$$\theta_{C_2} = \theta_B = -\frac{3FL^2}{4EI}$$

$$w_{C_2} = w_B + \theta_B L = -\frac{5FL^3}{12EI} - \frac{3FL^3}{4EI} = -\frac{7FL^3}{6EI}$$

(3)叠加求总位移

由叠加原理,变截面梁ABC在C截面处的转角和挠度为单独考虑AB段变形及BC段变形时C截面转角和挠度的代数和,因此,当同时考虑AB段和BC段的变形时,有

$$\theta_C = \theta_{C_1} + \theta_{C_2} = -\frac{FL^2}{2EI} - \frac{3FL^2}{4EI} = -\frac{5FL^2}{4EI}$$

$$w_C = w_{C_1} + w_{C_2} = -\frac{FL^3}{3EI} - \frac{7FL^3}{6EI} = -\frac{3FL^3}{2EI}$$

利用叠加法可以解决梁超静定问题。工程中,为了提高梁的强度和刚度,往往要在静定梁(图 6-8a)上增加约束,如图 6-8b)所示,这种结构形式称为超静定梁。

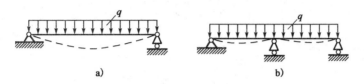

图 6-8 静定梁与超静定梁

求解梁的超静定问题,必须综合考虑梁的变形几何关系、荷载—位移关系和静力平衡关系,才能求解超静定梁的全部约束反力。求出支反力后,其强度和刚度计算则与静定梁完全相同。下面以图 6-9 所示的等截面直梁为例,说明超静定梁的解法。

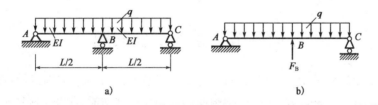

图 6-9 超静定梁的解法

梁在 A、B、C 处共有四个未知约束反力,但只有三个独立平衡方程,所以梁 ABC 为一次超静定梁。假设支座 B 为多余约束,设想将其约束解除,得到静定梁(即简支梁 ABC),称为原超静定梁的静定基。在静定基解除约束处(即支座 B 处)用约束反力 F_B 代替 B 处的多余约束。由原静不定梁上全部外荷载和多余约束反力 F_B 共同作用的静定梁称为原超静定梁的相当系统,如图 6-9b)所示。根据变形几何关系,荷载—位移关系和静力平衡方程求多余约束反力 F_B。为了保证相当系统和原超静定梁具有相同的受力和变形,要求相当系统在多余约束反力处的变形与原超静定梁在该处的变形相同。即图 6-9b)所示的相当系统需满足如下变形关系

$$w_B = 0$$

该简支梁上 B 点的挠度可用叠加法计算,等于均布荷载 q 单独作用下在 B 点产生的挠度 w_{Bq} 和多余约束反力 F_B 单独作用下 B 点产生的挠度 w_{BR} 的代数和,即

$$w_B = w_{Bq} + w_{BR}$$

则变形关系式可表示为

$$w_B = w_{Bq} + w_{BR} = 0$$

该式称为梁的变形协调方程。

考虑荷载—位移关系,查表 6-1 可知

$$w_{Bq} = -\frac{5qL^4}{384EI}$$

$$w_{BR} = \frac{F_B L^4}{48EI}$$

将上面两式代入梁的变形协调方程,可得补充方程

$$-\frac{5qL^4}{384EI} + \frac{F_B L^3}{48EI} = 0$$

由上式可得多余约束反力

$$F_B = \frac{5}{8}qL$$

解出多余约束反力后,A、C 处的约束反力可由静力平衡方程求得

$$F_A = \frac{3}{16}qL, F_C = \frac{3}{16}qL$$

第四节　梁的刚度问题

以上分析中所涉及的梁的位移都是弹性的。工程设计中,对于结构或构件的弹性位移都有一定的限制。弹性位移过大,也会使结构或构件丧失正常功能,即发生刚度失效。

如图 6-10 中所示机械传动机构中的齿轮轴,当位移过大时(图中虚线所示),将影响两个齿轮之间的啮合,以致不能正常工作;而且还会加大齿轮磨损,同时在转动的过程中产生很大的噪声;此外,当轴的变形很大时,轴在支承处也将产生较大的转角,从而使轴和轴承的磨损大大增加,降低轴和轴承的使用寿命。工程中的桥梁在荷载作用下如果挠度过大,车辆通过时将不能平稳行走,并产生振动。

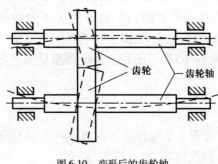

齿轮　　齿轮轴

图 6-10　变形后的齿轮轴

工程上为使梁满足刚度要求,通常需将梁的最大挠度或最大转角限制在一定范围内,即

$$\frac{w_{max}}{l} \leqslant \left[\frac{w}{l}\right] \tag{6-7}$$

$$\theta_{max} \leqslant [\theta] \tag{6-8}$$

上述两式均称为梁的刚度条件,式中 $|w|_{max}$ 和 $|\theta|_{max}$ 分别为梁中绝对值最大挠度和绝对值最大转角;$[w]$ 和 $[\theta]$ 分别为规定的容许挠度和容许转角,其数值可查设计规范。

例如:在土木工程中,$[w] = \frac{l}{900} \sim \frac{l}{200}$,$l$ 为梁的计算跨度;在机械工程中,对于传动轴 $[w] = \frac{l}{1000} \sim \frac{l}{500}$。

【例题 6-6】　如图 6-11 所示钢制圆轴,左端受力为 $F = 20kN$,其他尺寸如图示。若已知

$a = 1\text{m}, E = 210\text{GPa}$,轴承 B 处的容许转角 $[\theta] = 0.5°$。

求:该轴的直径 d。

【解】 根据要求,所设计的轴直径必须使轴具有足够的刚度以保证轴承 B 处的转角不超过 $[\theta]$。由表 6-1 查得

$$\theta_B = \frac{Fal}{3EI_y}$$

其中 F、a、l、E 均已给定,$I_z = \dfrac{\pi d^4}{64}$,所以

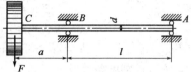

图 6-11　例题 6-6 图

$$\theta_B = \frac{64Fal}{3\pi E d^4}$$

根据刚度条件

$$\theta_B \leqslant [\theta]$$

其中 θ_B 的单位为弧度,而 $[\theta]$ 为 $0.5°$,考虑到单位一致性,得到

$$\frac{64F_p al}{3\pi E d^4} \leqslant 0.5 \times \frac{\pi}{180}$$

由此解得

$$d \geqslant \sqrt[4]{\frac{180 \times 64Fal}{3 \times 0.5 \times \pi^2 \times E}}$$

$$= \sqrt[4]{\frac{180 \times 64 \times 20 \times 10^3 \times 1 \times 2}{3 \times 0.5 \times \pi^2 \times 210 \times 10^9}}$$

$$= 1.103 \times 10^{-1}\text{m} = 110.3\text{mm}$$

【例题 6-7】 矩形截面上悬臂梁承受均布荷载如图 6-12 所示。若已知 $q = 10\text{kN/m}, l = 3\text{m}$,单位跨度内的容许挠度 $[w/l] = 1/250$,$[\sigma] = 120\text{MPa}$,$E = 200\text{GPa}$,$h = 2b$。

求:截面尺寸 b、h。

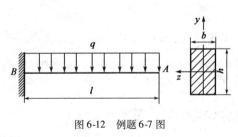

图 6-12　例题 6-7 图

【解】 这一类问题既要满足强度要求,又要满足刚度要求。解决这一类问题的办法是,可以先按强度条件设计截面尺寸,然后再校核刚度条件是否满足;也可以先按刚度条件设计截面尺寸,然后再校核强度条件是否满足;或者同时按强度条件和刚度条件设计截面尺寸,最后选两者所得之尺寸较大者。本例按后一种方法设计。

(1)按强度条件设计

根据强度条件

$$\sigma_{\max} = \frac{M_{\max}}{W_z} \leqslant [\sigma]$$

现

$$M_{\max} = \frac{1}{2}ql^2 = \frac{1}{2} \times 10 \times 3^2 = 4.5 \times 10^4 \text{N} \cdot \text{m} = 45\text{kN} \cdot \text{m}$$

$$W_z = \frac{bh^2}{6} = \frac{b(2b)^2}{6} = \frac{2b^3}{3}$$

代入上式,解得

$$b \geqslant \sqrt[3]{\frac{3 \times 4.5 \times 10^4}{2 \times 1.2 \times 10^8}} \times 100 = 8.25 \times 10^{-2}\text{m} = 82.5\text{mm}$$

$$h = 2b \geqslant 165\text{mm}$$

(2)按刚度条件设计

根据刚度条件

$$\frac{w_{max}}{l} \leqslant \left[\frac{w}{l}\right]$$

其中

$$w_{max} = \frac{ql^4}{8EI_z}$$

$$\frac{w_{max}}{l} = \frac{ql^3}{8EI_z}$$

$$I_z = \frac{bh^3}{12} = \frac{2b^4}{3}$$

代入上式,得

$$\frac{3ql^3}{16Eb^4} \leqslant \left[\frac{w}{l}\right] = \frac{1}{250}$$

由此解得

$$b \geqslant \sqrt[4]{\frac{3 \times 10 \times 10^3 \times 3^3}{16 \times \frac{1}{250} \times 2.0 \times 10^{11}}} = 8.92 \times 10^{-2}\text{m} = 89.2\text{mm}$$

$$h = 2b \geqslant 178.4\text{mm}$$

(3)最后设计结果

综合上述计算结果,按刚度设计所得的尺寸,作为梁的尺寸,即 $b \geqslant 89.2\text{mm}$, $h \geqslant 178.4\text{mm}$。

本 章 小 结

1.本章是在小变形和材料为线弹性的条件下研究梁的变形,并且忽略剪力的影响,平面假设仍然成立。

变形后梁横截面的形心沿垂直梁轴线方向的位移称为挠度 v;横截面变形前后的夹角称为转角 θ。梁的轴线在变形后成为一条连续光滑的曲线,称为挠度曲线 $v(x)$。挠度曲线 $v(x)$ 的一阶导数即为转角 $\theta(x) = \dfrac{dv(x)}{dx}$。

2.根据小挠度微分方程 $\dfrac{d^2v(x)}{dx^2} = \dfrac{M(x)}{EI}$,对 $M(x)$ 积分一次,求得

$$\theta(x) = \frac{dv(x)}{dx} = \int \frac{M(x)}{EI}dx + C$$

积分两次,求得

$$w(x) = \iint \frac{M(x)}{EI} \mathrm{d}x\mathrm{d}x + Cx + D$$

学习记录

若 $M(x)$ 分为 n 段,则应分 n 段进行积分,出现 $2n$ 个积分常数。积分常数根据边界条件和连续条件确定。

由以上运算可以看出,梁的挠度曲线取决于两个因素:受力(弯矩)和边界条件。

3. 在小变形和弹性范围内,梁的位移与荷载为线性关系,可以用叠加法求梁的位移:将梁的荷载分为若干个简单荷载,分别求出各简单荷载的位移,将它们叠加起来即为原荷载产生的位移。

思 考 题

6-1 简述梁挠曲线近似微分方程的适用范围。

6-2 梁的变形与弯矩有什么关系? 弯矩的正负对挠曲线的形状有什么影响?

6-3 图 6-13 所示各梁,用积分法求梁的挠曲线方程时,试问应分为几段? 出现几个积分常数? 写出相应的位移边界条件。

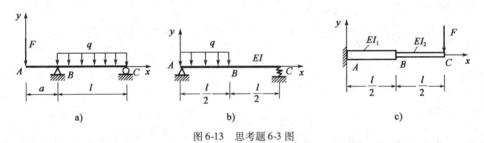

图6-13 思考题6-3 图

习 题

6-1 写出图 6-14 所示各梁的边界条件。在图 6-14d) 中支座 B 的弹簧刚度为 $k(\mathrm{N/m})$。

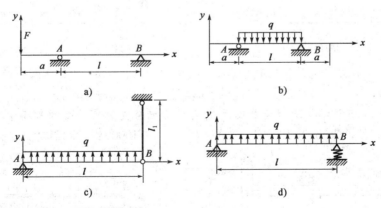

图6-14 习题6-1 图

6-2 试用积分法求图 6-15 所示各外伸梁的 θ_A、w_C,设梁的 EI 已知。

6-3 试用叠加法求图 6-16 所示各梁 A 截面的挠度 w_A 和 B 截面的转角 θ_B。梁的抗弯刚度 EI 已知。

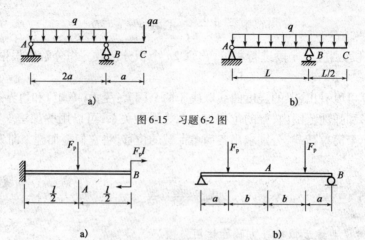

图 6-15　习题 6-2 图

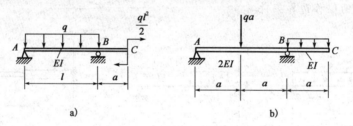

图 6-16　习题 6-3 图

6-4　试用叠加法求图 6-17 所示各梁外伸端的挠度 w_C 和转角 θ_C，梁的抗弯刚度 EI 已知。

图 6-17　习题 6-4 图

6-5　试求图 6-18 所示结构 D 截面的挠度 w_D。

6-6　轴受力如图 6-19 所示，已知 $F_P = 1.6\text{kN}$，$d = 32\text{mm}$，$E = 200\text{GPa}$。若要求加力点的挠度不大于容许挠度 $[w] = 0.05\text{mm}$，试校核该轴是否满足刚度要求。

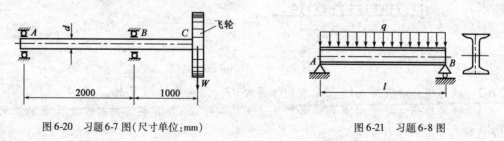

图 6-18　习题 6-5 图　　　　　图 6-19　习题 6-6 图(尺寸单位:cm)

6-7　图 6-20 所示一端外伸的轴在飞轮重力作用下发生变形，已知飞轮重 $W = 20\text{kN}$，轴材料的 $E = 200\text{GPa}$，轴承 B 处的容许转角 $[\theta] = 0.5°$。试设计轴的直径。

6-8　图 6-21 所示承受均布荷载的简支梁由两根竖向放置的普通槽钢组成。已知 $q = 10\text{kN/m}$，$l = 4\text{m}$，材料的 $[\sigma] = 100\text{MPa}$，容许挠度 $[w] = l/1000$，$E = 200\text{GPa}$。试确定槽钢型号。

图 6-20　习题 6-7 图(尺寸单位:mm)　　　　　图 6-21　习题 6-8 图

第七章 DIQIZHANG
应力状态与强度理论

本章导读

受力杆件中一点的应力状态是该点处各方向面上的应力的集合。研究应力状态，对全面了解受力杆件的应力全貌，以及分析杆件的强度和破坏机理都是必需的。本章介绍应力状态的基本概念，平面应力状态下任一方向面上应力的计算、主应力大小和方向的计算；并简述三向应力状态的最大应力。广义胡克定律反映应力和应变之间在线弹性范围的最一般关系，其应用非常广泛，本章对广义胡克定律及其应用也作了介绍。本章还介绍了四种常用的强度理论。

学习目标

1. 正确理解应力状态的概念，如何描述一点的应力状态；
2. 正确应用平衡方法确定微元任意斜截面上的正应力与切应力；
3. 正确理解主平面、主应力、主方向、面内最大切应力、一点的最大切应力等概念，正确应用解析方法和应力圆的方法确定主平面、主应力、主方向、面内最大切应力、一点的最大切应力；
4. 正确理解和应用广义胡克定律；
5. 掌握第一强度理论、第三强度理论和第四强度理论，对常见的复杂应力状态进行强度设计。

学习重点

1. 应用平衡方法确定微元任意斜截面上的正应力与切应力；
2. 应力圆及其应用；
3. 广义胡克定律；
4. 对常见的复杂应力状态进行强度设计。

学习难点

广义胡克定律，以及对常见的复杂应力状态进行强度设计。

本章学习计划

内　容	建议自学时间 （学时）	学 习 建 议	学 习 记 录
第一节　应力状态的基本概念	0.5	重点关注如何取单元体,如何对基本变形的杆件取单元体	
第二节　平面应力状态分析	1.0	注意应力正负号的规定	
第三节　应力圆及其应用	1.0	利用应力圆,可以帮助理解最大、最小正应力和切应力之间的相互位置关系,也可以帮助记忆主应力的计算公式	
第四节　广义胡克定律	1.0	重点掌握平面应力状态下的广义胡克定律	
第五节　强度理论	1.0	注意各个强度理论对应的相应应力如何计算	

第一节　应力状态的基本概念

前面分析了拉(压)杆件、轴扭转和梁平面弯曲时横截面上各点处的应力。受力杆件中的任一点,可以看作是横截面上的点,也可看作是斜截面或纵截面上的点。一般来说,受力杆件中任一点处各个方向上的应力情况是不相同的,一点处各方向面上的应力的集合,称为该点的应力状态。研究应力状态,分析一点处的最大正应力,以分析杆件的强度和破坏机理。

如图 7-1 所示拉杆,受力之前在其表面画一斜置的正方形,受力后,正方形变成了菱形(图中虚线所示)。这表明在拉杆的斜截面上有切应力存在。

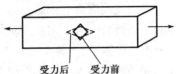

图 7-1　杆件斜截面上存在应力的实例

为了研究一点处的应力状态,通常是围绕该点取一无限小的长方体,即单元体。因为单元体无限小,所以可认为其

个面上的应力都是均匀分布的,且相互平行的一对面上的应力大小相等、符号相同。例如,在图 7-2a)所示简支梁的 A 点处用横截面、纵截面及与表面平行的平面截取各边长均为无穷小量的正六面体,即为 A 点处单元体。其横截面上有正应力和切应力。由后面的分析可知,只要已知某点处所取任一单元体各面上的应力,就可以求得该单元体其他所有方向面上的应力,该点的应力状态就完全确定了。

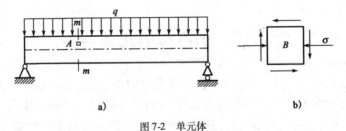

图 7-2　单元体

为了确定一点的应力状态,需要确定代表这一点的微元的三对互相垂直的面上的应力。为此,围绕一点截取微元时,应尽量使其三对面上的应力容易确定。例如,矩形截面杆与圆截面杆中微元的取法便有所区别,对于矩形截面杆,三对面中的一对面为杆的横截面,另外两对面为平行于杆表面的纵截面;对于圆截面杆,除一对面为横截面外,另外两对面中有一对为同轴圆柱面,另一对则为通过杆轴线的纵截面。截取微元时,还应注意相对面之间的距离应为无限小。

由于构件受力的不同,应力状态多种多样。只受一个方向正应力作用的应力状态,称为单向应力状态。只受切应力作用的应力状态,称为纯切应力状态。所有应力作用线都处于同一平面内的应力状态,称为平面应力状态。单向应力状态与纯切应力状态都是平面应力状态的特例。这里主要讨论平面应力状态以及空间应力状态的某些特例。

【例题 7-1】　圆轴受扭如图 7-3a)所示。若直径 d 和外加力矩 M_e 均为已知。确定危险点的应力状态。

【解】　根据扭矩图可知,AB 段各截面上的扭矩均相等且大于 BC 段各截面上的扭矩,故 AB 段比 BC 段危险,且其上各截面危险程度相同。

根据圆轴扭转时截面上的切应力分布规律,截面上周边各点切应力最大,故这些点为危险点。

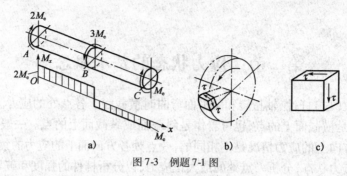

图 7-3 例题 7-1 图

围绕截面周边上任意一点作六面体,如图 7-3b)所示,其一对面为圆柱面(其中一个面为杆的外表面);另外两对面则为杆件的横截面与过轴线的纵截面。这样,所取的微单元并不是一个正六面体,但因微单元较小,在研究这一点的应力状态时,可以近似地把它看作正六面体。

杆件外表面上无外力作用,故微单元上与此相应的一对面上亦无应力作用;在横截面上则有切应力作用,其值为

$$\tau = \frac{M_x}{W_P} = \frac{2M_e}{\dfrac{\pi d^3}{16}} = \frac{32M_e}{\pi d^3}$$

根据切应力互等定理,在纵截面上亦有与之大小相等的切应力。因此,得微单元的受力图如图 7-3c)所示,这就是危险点的应力状态。

第二节　平面应力状态分析

当微元三对面上的应力已经确定时,为求某个方向面(或称斜截面)上的应力,可用一假想截面将微元从所考察的方向面处截为两部分,考察其中任意一部分的平衡,即可由平衡条件求得这一方向面上的正应力和切应力。这是分析微元斜截面上的应力的基本方法。下面应用这一方法确定平面一般应力状态中任意方向面上的应力。

如图 7-4a)所示,一点的平面应力状态一般可由两个正应力分量 σ_x、σ_y 及一个切应力分量 τ_x 来表示,它们作用在单元体的四个面上。为了表示方便,由于本章中计算的应力都在 xy 平面内,所以用图 7-4b)所示的平面图形表示。

如图 7-5 所示的平面应力状态,任意斜截面 ef 的方位是由它的法线 n 与水平坐标轴 x 正向的夹角 α 所定义的,该截面上的应力分别表示为 σ_α 和 τ_α。规定正应力、切应力以及 α 角的正负号如下:正应力——拉伸为正,压缩为负;切应力——使单元体或其局部产生顺时针方向

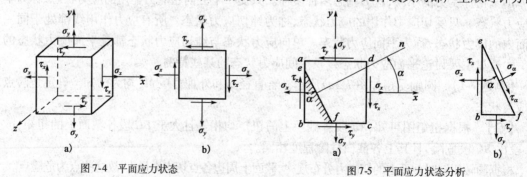

图 7-4　平面应力状态　　　　　　　　　图 7-5　平面应力状态分析

转动趋势者为正,反之为负;α 角——从 x 轴正方向逆时针转至截面外法线 n 正方向者为正,反之为负。

利用截面法,将单元体从 α 斜截面处截为两部分。考察其中任意一部分,例如斜截面左下方部分,其受力如图 7-5b)所示,假定斜截面上的正应力 σ_α 和切应力 τ_α 均为正方向。

设斜截面 ef 的面积为 dA,ef 和 be 的面积分别为 $dA\cos\alpha$ 和 $dA\sin\alpha$,如图 7-5b)所示。考虑斜截面法向及切向的平衡方程分别为

$$\sum F_n = 0, \sigma_\alpha dA - \sigma_x(dA\cos\alpha)\cos\alpha + \tau_x(dA\cos\alpha)\sin\alpha + \tau_y(dA\sin\alpha)\cos\alpha - \sigma_y(dA\sin\alpha)\sin\alpha = 0$$

$$\sum F_\tau = 0, \tau_\alpha dA - \sigma_x(dA\cos\alpha)\cos\alpha - \tau_x(dA\cos\alpha)\cos\alpha + \tau_y(dA\sin\alpha)\sin\alpha + \sigma_y(dA\sin\alpha)\cos\alpha = 0$$

根据切应力互等定理,τ_x 和 τ_y 数值相等,同时利用三角函数倍角公式,由上述平衡方程式可以得到计算平面应力状态中任意方位面上的正应力与切应力的表达式为

$$\begin{cases} \sigma_\alpha = \dfrac{\sigma_x + \sigma_y}{2} + \dfrac{\sigma_x - \sigma_y}{2}\cos2\alpha - \tau_x\sin2\alpha \\[3mm] \tau_\alpha = \dfrac{\sigma_x - \sigma_y}{2}\sin2\alpha + \tau_x\cos2\alpha \end{cases} \tag{7-1}$$

式(7-1)表明,斜截面上的正应力 σ_α 和切应力 τ_α 随 α 角的改变而变化,即 σ_α 和 τ_α 都是 α 的函数。

利用以上公式可以确定正应力和切应力的极值,并确定它们所在截面的方位。因为 σ_α 是 α 的函数,将式(7-1)中的 σ_α 对 α 取导数,并令导数为零,得

$$\frac{d\sigma_\alpha}{d\alpha} = -(\sigma_x - \sigma_y)\sin2\alpha - 2\tau_x\cos2\alpha = 0$$

上式化简为

$$\frac{\sigma_x - \sigma_y}{2}\sin2\alpha + \tau_x\cos2\alpha = 0$$

所以

$$\tan2\alpha_0 = -\frac{2\tau_x}{\sigma_x - \sigma_y} \tag{7-2}$$

由式(7-2)可以求出相差 90° 的两个角度 α_0 和 $90° + \alpha_0$,并由此确定出两个互相垂直且切应力等于零的平面,该平面称为**主平面**。其中一个是最大正应力所在的主平面,另一个是最小正应力所在的主平面。主平面上的正应力称为**主应力**,主平面法线方向即主应力作用线方向,称为**主方向**。将 α_0 及 $90° + \alpha_0$ 代入式(7-1),即求得主应力为

$$\begin{aligned} \sigma_{\max} \\ \sigma_{\min} \end{aligned} = \frac{\sigma_x + \sigma_y}{2} \pm \frac{1}{2}\sqrt{(\sigma_x - \sigma_y)^2 + 4\tau_x^2} \tag{7-3}$$

考虑到平面应力状态还有一个固有的等于零的主应力,所以可以将主应力分别表示为

$$\sigma' = \frac{\sigma_x + \sigma_y}{2} + \frac{1}{2}\sqrt{(\sigma_x - \sigma_y)^2 + 4\tau_{xy}^2}$$

学习记录

$$\sigma'' = \frac{\sigma_x + \sigma_y}{2} - \frac{1}{2}\sqrt{(\sigma_x - \sigma_y)^2 + 4\tau_{xy}^2}$$

$$\sigma''' = 0$$

以后将按三个主应力 σ'、σ''、σ'''代数值由大到小顺序排列，并分别用 σ_1、σ_2、σ_3 表示，且 $\sigma_1 > \sigma_2 > \sigma_3$。

用以上类似的方法，可以确定最大和最小切应力及它们所在的平面。由式(7-1)，斜截面上的切应力 τ_α 随 α 角的改变而变化。将式(7-1)中的 τ_α 对 α 取导数，并令导数为零，得

$$\frac{d\tau_\alpha}{d\alpha} = (\sigma_x - \sigma_y)\cos 2\alpha - 2\tau_x \sin 2\alpha = 0$$

若 $\alpha = \alpha_1$ 时，导数 $\frac{d\tau_\alpha}{d\alpha} = 0$，则在 α_1 所确定的斜截面上，切应力为最大或者最小值。则有

$$\tan 2\alpha_1 = \frac{\sigma_x - \sigma_y}{2\tau_x} \tag{7-4}$$

式(7-4)可解出两个相差90°的角度 α_1 和 $90° + \alpha_1$，代入式(7-1)便可求得切应力的最大和最小值为

$$\left.\begin{matrix}\tau_{max}\\ \tau_{min}\end{matrix}\right\} = \pm\frac{1}{2}\sqrt{(\sigma_x - \sigma_y)^2 + 4\tau_x^2} \tag{7-5}$$

由式(7-4)可得

$$\left.\begin{matrix}\tau_{max}\\ \tau_{min}\end{matrix}\right\} = \pm\frac{\sigma_{max} - \sigma_{min}}{2} \tag{7-6}$$

即切应力极值等于两个主应力之差的一半。

对比式(7-4)和式(7-2)，可见

$$\tan 2\alpha_1 = -\frac{1}{\tan 2\alpha_0} = \cot(-2\alpha_0) = \tan\left(\frac{\pi}{2} + 2\alpha_0\right)$$

即

$$\alpha_1 = \frac{\pi}{4} + \alpha_0 \tag{7-7}$$

可见，切应力极值平面方位与主平面方位间相差45°。

【例题 7-2】 分析轴向拉伸杆件的最大切应力的作用面，说明低碳钢拉伸时发生屈服的主要原因。

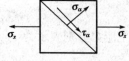

图7-6 例题7-2图

【解】 杆件承受轴向拉伸时，其上任意一点都是单向应力状态，如图7-6所示。

在本例情形下，$\sigma_y = 0$，$\tau_y = 0$。于是，根据式(7-1)，任意斜截面上的正应力和切应力分别为

$$\sigma_\alpha = \frac{\sigma_x}{2} + \frac{\sigma_x}{2}\cos2\alpha$$

$$\tau_\alpha = \frac{\sigma_x}{2}\sin2\alpha$$

当 $\alpha = 45°$时,斜截面上既有正应力又有切应力,其值分别为

$$\sigma_{45°} = \frac{\sigma_x}{2}, \tau_{45°} = \frac{\sigma_x}{2}$$

不难看出,在所有的方向面中,45°斜截面上的正应力不是最大值,而切应力却是最大值。这表明,轴向拉伸时最大切应力发生在与轴线夹45°角的斜面上,这正是低碳钢试样拉伸至屈服时表面出现滑移线的方向。因此,可以认为屈服是由最大切应力引起的。

【例题 7-3】 分析圆轴扭转时最大切应力的作用面,说明铸铁圆轴试样扭转破坏的主要原因。

【解】 圆轴扭转时,由横截面、纵截面以及圆柱面截取的微元,可以近似地看作为平行六面体,六面体与横截面和纵截面对应的面上都只有切应力作用。因此,圆轴扭转时,其上任意一点的应力状态都是纯切应力状态,如图 7-7 所示。

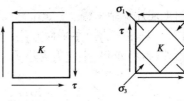

图 7-7 例题 7-3 图

纯切应力状态中, $\sigma_x = \sigma_y = 0$,根据式(7-1),得到微元任意斜截面上的正应力和切应力分别为

$$\sigma_\alpha = -\tau\sin2\alpha$$

$$\tau_\alpha = \tau\cos2\alpha$$

根据这一结果,当 $\alpha = \pm45°$时,斜截面上只有正应力没有切应力。 $\alpha = 45°$时(自 x 轴逆时针方向转过 45°),压应力最大; $\alpha = -45°$时(自 x 轴顺时针方向转过 45°),拉应力最大。

$$\sigma_{45°} = \sigma_{\max}^{-} = -\tau$$

$$\tau_{45°} = 0$$

$$\sigma_{-45°} = \sigma_{\max}^{+} = \tau$$

$$\tau_{-45°} = 0$$

相应的主应力为

$$\sigma_1 = \tau, \sigma_2 = 0, \sigma_3 = -\tau$$

铸铁圆轴试样扭转实验时,正是沿着最大拉应力作用面(即 $-45°$螺旋面)断开的。因此,可以认为这种脆性破坏是由最大拉应力引起的。

【例题 7-4】 单元体如图 7-8a)所示,试求:

(1)指定截面上的正应力和切应力;

(2)主应力及主平面的方位;

(3)最大切应力及其所在方位,应力单位为 MPa。

【解】 (1)确定已知单元体上正应力及切应力:按应力的符号规定,选定

$$\sigma_x = -20, \sigma_y = 30, \tau_x = 20, \alpha = 30°$$

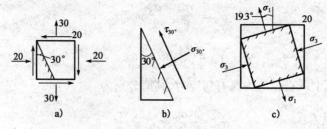

图 7-8　例题 7-4 图（应力单位：MPa）

代入斜截面应力计算公式(7-1)，得

$$\sigma_{30°} = \frac{-20+30}{2} + \frac{-20-30}{2}\cos 60° - 20\sin 60° = -24.8\text{MPa}$$

$$\tau_{30°} = \frac{-20-30}{2}\sin 60° + 20\cos 60° = -11.7\text{MPa}$$

由上述计算结果将 $\sigma_{30°}$、$\tau_{30°}$ 标在单元体上，如图 7-8b)所示。

(2)计算主应力及主平面方位：

由式(7-4)求得，主应力大小为

$$\begin{array}{l}\sigma_{max}\\ \sigma_{min}\end{array} = \frac{-20+30}{2} \pm \sqrt{\left(\frac{-20-30}{2}\right)^2 + 20^2} = \begin{array}{l}37\text{MPa}\\ -27\text{MPa}\end{array}$$

由上述计算结果，按代数值大小确定三个主应力分别为

$$\sigma_1 = 37\text{MPa}, \sigma_2 = 0, \sigma_3 = -27\text{MPa}$$

由式(7-3)求得主平面方位角为

$$\tan 2\alpha_0 = -\frac{2 \times 20}{-20-30} = 0.8$$

从上式可解出两个相互垂直的角度

$$\alpha_0 = 19.3°\text{或} 109.3°$$

将主应力、主平面标在单元体上，如图 7-8c)所示。

(3)计算最大切应力及其所在方位面：

由式(7-6)可得，切应力的极值为

$$\begin{array}{l}\tau_{max}\\ \tau_{min}\end{array} = \pm\sqrt{\left(\frac{-20-30}{2}\right)^2 + 20^2} = \pm 32\text{MPa}$$

由式(7-5)可得，切应力的极值平面方位角为

$$\tan 2\alpha_1 = \frac{-20-30}{2 \times 20} = -1.25$$

从上式可解出两个相互垂直的角度

$$\alpha_1 = 64.3°\text{或} 154.3°$$

【**例题 7-5**】 薄壁圆管受扭转和拉伸同时作用,如图 7-9a)所示。已知圆管的平均直径 $D=50\text{mm}$,壁厚 $\delta=2\text{mm}$。外加力偶的力偶矩 $M_e=600\text{N}\cdot\text{m}$,轴向荷载 $F_P=20\text{kN}$。薄壁管截面的扭转截面系数可近似取为 $W_P=\dfrac{\pi D^2\delta}{2}$。试求:

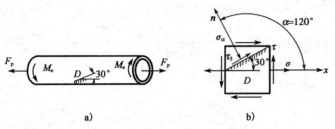

图 7-9 例题 7-5 图

(1)圆管表面上过 D 点与圆管母线夹角为 $30°$ 的斜截面上的应力;

(2)D 点主应力。

【**解**】 (1)取微元,确定微元各个面上的应力

围绕 D 点用横截面、纵截面和圆柱面截取微元,其受力如图 7-9b)所示。利用拉伸和圆轴扭转时横截面上的正应力和切应力公式计算微元各面上的应力

$$\sigma=\frac{F_P}{A}=\frac{F_P}{\pi D\delta}=\frac{20\text{kN}\times 10^3}{\pi\times 50\text{mm}\times 10^{-3}\times 2\text{mm}\times 10^{-3}}=63.7\times 10^6\text{Pa}=63.7\text{MPa}$$

$$\tau=\frac{M_x}{W_P}=\frac{2M_e}{\pi D^2\delta}=\frac{2\times 600\text{N}\cdot\text{m}}{\pi\times(50\text{mm}\times 10^{-3})^2\times 2\text{mm}\times 10^{-3}}=76.4\times 10^6\text{Pa}=76.4\text{MPa}$$

(2)求斜截面上的应力

根据图 7-9b)所示的应力状态以及关于 θ、σ_x、σ_y、τ_{xy} 的正负号规则,本例中有: $\sigma_x=63.7\text{MPa}$,$\sigma_y=0$,$\tau_{xy}=-76.4\text{MPa}$,$\theta=120°$。将这些数据代入式(7-1),求得过 D 点与圆管母线夹角为 $30°$ 的斜截面上的应力

$$\begin{aligned}\sigma_{30°}&=\frac{\sigma_x+\sigma_y}{2}+\frac{\sigma_x-\sigma_y}{2}\cos 2\theta-\tau_{xy}\sin 2\theta\\&=\frac{63.7\text{MPa}+0}{2}+\frac{63.7\text{MPa}-0}{2}\cos(2\times 120°)-(-76.4\text{MPa})\sin(2\times 120°)\\&=-50.3\text{MPa}\end{aligned}$$

$$\begin{aligned}\tau_{30°}&=\frac{\sigma_x-\sigma_y}{2}\sin 2\theta+\tau_{xy}\cos 2\theta\\&=\frac{63.7\text{MPa}-0}{2}\sin(2\times 120°)+(-76.4\text{MPa})\cos(2\times 120°)\\&=10.7\text{MPa}\end{aligned}$$

两者的方向均示于图 7-9b)中。

(3)确定主应力

根据式(7-16),得

$$\sigma'=\frac{\sigma_x+\sigma_y}{2}+\frac{1}{2}\sqrt{(\sigma_x-\sigma_y)^2+4\tau_{xy}^2}$$

$$= \frac{63.7\text{MPa} + 0}{2} + \frac{1}{2}\sqrt{(63.7\text{MPa} - 0)^2 + 4(-76.4\text{MPa})^2}$$

$$= 114.6\text{MPa}$$

$$\sigma'' = \frac{\sigma_x + \sigma_y}{2} - \frac{1}{2}\sqrt{(\sigma_x - \sigma_y)^2 + 4\tau_{xy}^2}$$

$$= \frac{63.7\text{MPa} + 0}{2} - \frac{1}{2}\sqrt{(63.7\text{MPa} - 0)^2 + 4(-76.4\text{MPa})^2}$$

$$= -50.9\text{MPa}$$

$$\sigma''' = 0$$

于是，根据主应力代数值大小顺序排列，D 点的三个主应力为

$$\sigma_1 = 114.6\text{MPa}, \sigma_2 = 0, \sigma_3 = -50.9\text{MPa}$$

第三节　应力圆及其应用

由式(7-1)可知，单元体任意斜截面上的正应力与切应力均是 α 的函数，用数学方法消去 α 后，即可得到 σ_α 和 τ_α 的函数关系。将式(7-1)的第一式右端的第一项 $\frac{\sigma_x + \sigma_y}{2}$ 移至方程左端，得

$$\sigma_\alpha - \frac{\sigma_x + \sigma_y}{2} = \frac{\sigma_x - \sigma_y}{2}\cos 2\alpha - \tau_x \sin 2\alpha$$

$$\tau_\alpha = \frac{\sigma_x - \sigma_y}{2}\sin 2\alpha + \tau_x \cos 2\alpha$$

将上两式平方后再相加，得到一个新的方程

$$\left(\sigma_\alpha - \frac{\sigma_x + \sigma_y}{2}\right)^2 + \tau_\alpha^2 = \left(\sqrt{\left(\frac{\sigma_x - \sigma_y}{2}\right)^2 + \tau_x^2}\right)^2 \tag{7-8}$$

若以横坐标表示 σ_α，纵坐标表示 τ_α，式(7-8)即为一个圆的方程，由该方程所画的圆称为**应力圆(或莫尔圆)**。应力圆的圆心 C 的坐标和半径分别为

$$C = \left(\frac{\sigma_x + \sigma_y}{2}, 0\right), R = \sqrt{\left(\frac{\sigma_x - \sigma_y}{2}\right)^2 + \tau_x^2} \tag{7-9}$$

对于图 7-5a)所示单元体，根据其上的应力分量 σ_x、σ_y 和 τ_x，由圆心坐标以及圆的半径即可画出与该点相对应的应力圆。但是这样作并不方便，我们可按如下步骤作相应的应力圆：

(1)在 $O\sigma_\alpha\tau_\alpha$ 坐标系内，按选定的比例尺量取 $OA = \sigma_x, Aa = \tau_x$，得到与单元体中 A 面上的应力(σ_x, τ_x)对应的点 a。

(2)量取 $OD = \sigma_y, Dd = -\tau_x$，得到与单元体中 D 面上的应力($\sigma_y, -\tau_x$)对应的点 d。

(3)连接 ad，与横坐标交于点 C。由几何关系知，C 点的坐标为 $\left(\frac{\sigma_x + \sigma_y}{2}, 0\right)$，即点 C 为应

力圆的圆心。因为 $Ca = Cd$，因此，可以点 C 为圆心，以 Ca 或 Cd 为半径作圆，如图 7-10b) 所示，即为对应于图 7-10a) 所示单元体的应力圆。

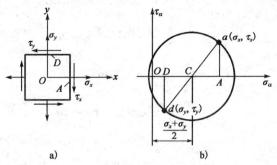

图 7-10　应力圆

在应用应力圆求解时，应注意单元体和应力圆之间的几种对应关系：

（1）**点面对应**——应力圆上某一点的坐标值对应着单元体某一方位面上的正应力和切应力。

（2）**转向对应**——应力圆半径旋转时，对应的单元体上方位面的法线亦沿相同方向旋转，才能保证单元体方位面上的应力与应力圆上半径端点的坐标值相对应。

（3）**二倍角对应**——应力圆上半径转过的角度，等于单元体上方向面法线旋转角度的二倍。

作出应力圆后，单元体内任意斜截面上的应力都对应着应力圆上的一个点。例如，以图 7-11a) 所示单元体为例，当任意斜截面法线 n 与 x 轴夹角为逆时针的 α 时，在应力圆上，可以从 D 点开始，逆时针沿着圆周转过 2α 圆心角，得到 E 点，则 E 点的坐标就代表以 n 为法线的斜截面上的应力。证明如下：

$$OF = OC + CF = OC + CE\cos(2\alpha_0 + 2\alpha)$$
$$= OC + CE\cos2\alpha_0\cos2\alpha - CE\sin2\alpha_0\sin2\alpha$$
$$FE = CE\sin(2\alpha_0 + 2\alpha)$$
$$= CE\sin2\alpha_0\cos2\alpha + CE\cos2\alpha_0\sin2\alpha$$

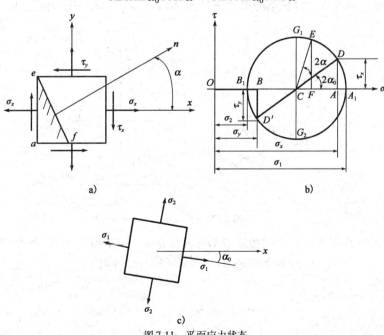

图 7-11　平面应力状态

CD 和 CE 都是圆的半径，C 点为圆心，应用式(7-9)，上两式可化简为

$$OF = OC + CA\cos2\alpha - AD\sin2\alpha$$

$$= \frac{\sigma_x + \sigma_y}{2} + \frac{\sigma_x - \sigma_y}{2}\cos2\alpha - \tau_x\sin2\alpha$$

$$FE = AD\cos2\alpha + CA\sin2\alpha$$

$$= \frac{\sigma_x - \sigma_y}{2}\sin2\alpha + \tau_x\cos2\alpha$$

将上式与式(7-1)比较可知

$$OF = \sigma_\alpha, FE = \tau_\alpha$$

即证明 E 点的坐标代表法线倾角为 α 的斜截面上的应力。

利用应力圆，除可以确定任意方位面上的正应力和切应力外，还可以确定主应力的数值、主平面的方位以及最大切应力。应用应力圆上的几何关系，可以得到平面应力状态主应力与最大切应力表达式。

从图7-11b)中所示应力圆可以看出，应力圆与 σ 轴的交点 A_1 和 B_1，对应着平面应力状态的主平面，其横坐标值即为主应力 σ_1 和 σ_2。此外，根据平面应力状态及主平面的定义，另一主平面上的主应力 σ_3 为零。其主单元体如图7-11c)所示。

图7-11b)中应力圆的最高点 G_1 和最低点 G_2，分别代表了最大和最小切应力。不难看出，在切应力最大值处，一般存在正应力。同时，由 σ_1 所在的主平面的法线到 τ_{max} 所在平面的法线应为逆时针的45°。且大小关系为

$$\begin{cases} \tau_{max} \\ \tau_{min} \end{cases} = \pm \frac{\sigma_1 - \sigma_2}{2} \tag{7-10}$$

【例题7-6】 一纯切应力状态的单元体如图7-12a)所示，试用应力圆法求主应力的大小和方向。

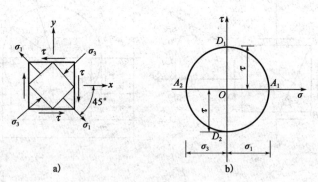

图7-12 例题7-6图

【解】 在坐标系中按一定比例量取 $O_1D = \tau$，$O_2D = -\tau$，从而得到 D_1 和 D_2 点；连接 D_1 和 D_2 点的直线交 σ 轴于 O 点，以 O 为圆心、O_1D 为半径所作的圆即为应力圆，如图7-12b)所示。由应力圆上量得

$$\sigma_1 = OA_1 = \tau$$

$$\sigma_3 = OA_2 = -\tau$$

因为起始半径 O_1D 顺时针旋转 $90°$ 至 O_1A,故 σ_1 所在主平面的外法线和 x 轴成 $-45°$,σ_3 所在主平面的外法线和 x 轴成 $+45°$。主应力单元体画在图7-12a)的原始单元体内,可见该单元体为两向应力状态。

【例题 7-7】 已知单元体的应力状态如图7-13a)所示(应力单位为 MPa)。试确定:

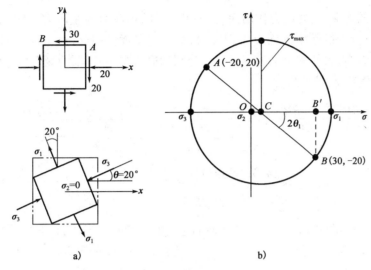

图7-13 例题7-7 图(应力单位:mPa)

(1)单元体的主应力;

(2)单元体的主方向,并在单元体上画出主平面位置及主应力方向;

(3)单元体内的最大切应力。

【解】

(1)应用主应力的解析式确定主应力数值

根据主应力的解析式

$$\sigma' = \frac{\sigma_x + \sigma_y}{2} + \frac{1}{2}\sqrt{(\sigma_x - \sigma_y)^2 + 4\tau_{xy}^2}$$

$$\sigma'' = \frac{\sigma_x + \sigma_y}{2} - \frac{1}{2}\sqrt{(\sigma_x - \sigma_y)^2 + 4\tau_{xy}^2}$$

$$\sigma''' = 0$$

本例中,有

$$\sigma_x = -20\text{MPa}, \sigma_y = 30\text{MPa}, \tau_{xy} = 20\text{MPa}$$

代入上式后,得到

$$\sigma' = \frac{-20+30}{2} + \frac{1}{2}\sqrt{(-20-30)^2 + 4 \times 20^2} = 37\text{MPa}$$

$$\sigma'' = \frac{-20+30}{2} - \frac{1}{2}\sqrt{(-20-30)^2 + 4 \times 20^2} = -27\text{MPa}$$

$$\sigma''' = 0$$

因此,根据 $\sigma_1 \geqslant \sigma_2 \geqslant \sigma_3$ 的顺序,得到

$$\sigma_1 = 37\text{MPa}$$

$$\sigma_2 = 0$$

$$\sigma_3 = -27\text{MPa}$$

（2）利用应力圆确定主方向

首先根据 A、B 面上的应力，在 $\sigma-\tau$ 坐标中画出与这一应力状态对应的应力圆，如图 7-13b）所示。

根据主应力的定义，无切应力作用面（主平面）上的正应力为主应力，已知应力状态为平面应力状态，在平行于纸平面的面上无切应力，故为主平面。因此，这个面上的主应力为零。从应力圆上可以看出，另外两个不为零主应力分别为应力图与 σ_θ 轴的交点坐标值。

应力圆上 CB 与 σ_θ 轴夹角为

$$\arctan 2\theta_1 = \frac{BB'}{CB'} = \frac{BB'}{OB' - OC} = \frac{\tau_{yx}}{\sigma_y - \dfrac{\sigma_x + \sigma_y}{2}} = \frac{\tau_{yx}}{\dfrac{\sigma_y - \sigma_x}{2}} = \frac{-20}{\dfrac{30 - (-20)}{2}} = -0.8$$

$$2\theta_1 = -38.7°$$

得

$$\theta_1 = -19.35°$$

因此，主应力 σ_1 的作用面的法线与 B 面的法线间夹角 θ_1。所以，在微单元体上将 B 面的法线逆时针转过 19.35°便得到 σ_1 作用面的法线方向，亦即 σ_1 的主方向。

采用同样的方法，还可以得到 σ_3 作用的主平面和主方向，从图中可以看出 σ_1 和 σ_3 的主方向相差 90°。

于是微单元体的主平面的位置及主应力方向如图 7-13c）所示。

（3）确定微单元体中的最大切应力

根据应力状态中的最大剪应力的定义

$$\tau_{\max} = \frac{\sigma_1 - \sigma_3}{2} = \frac{37 - (-27)}{2} = 32\text{MPa}$$

第四节　广义胡克定律

现在研究各向同性材料在线弹性范围、小变形条件下应力和应变的关系。如图 7-14 所示，根据各向同性材料在弹性范围内应力—应变关系的实验结果（单向应力状态下的胡克定律），可以得到单向应力状态下微元沿正应力方向的线应变为

$$\varepsilon_x = \frac{\sigma_x}{E}$$

在 σ_x 作用下，除 x 方向的线应变外，在与其垂直的 y、z 方向亦有反号的线应变 ε_y、ε_z 存在，二者与 ε_x 之间存在下列关系：

$$\varepsilon_y = -\nu\varepsilon_x = -\nu\frac{\sigma_x}{E}$$

$$\varepsilon_z = -\nu\varepsilon_x = -\nu\frac{\sigma_x}{E}$$

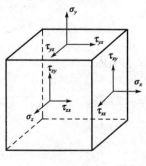

图 7-14　单元体

其中，ν 为材料的泊松比。

同理,单元体仅在 σ_y 或 σ_z 作用下的单向应力状态,同样会引起 x、y、z 三个方向的线应变,即

$$\varepsilon_y = \frac{\sigma_y}{E}, \varepsilon_x = \varepsilon_z = -\nu\frac{\sigma_y}{E}$$

$$\varepsilon_z = \frac{\sigma_z}{E}, \varepsilon_x = \varepsilon_y = -\nu\frac{\sigma_z}{E}$$

应用叠加原理,将上述同方向的线应变公式右侧的量相叠加,可以得到在 σ_x、σ_y 和 σ_z 共同作用下的应力应变关系为

$$\left.\begin{array}{l}\varepsilon_x = \dfrac{1}{E}[\sigma_x - \nu(\sigma_y + \sigma_z)]\\[2mm]\varepsilon_y = \dfrac{1}{E}[\sigma_y - \nu(\sigma_x + \sigma_z)]\\[2mm]\varepsilon_z = \dfrac{1}{E}[\sigma_z - \nu(\sigma_x + \sigma_y)]\end{array}\right\} \tag{7-11}$$

由于切应力只引起其作用平面内的切应变,利用纯剪切胡克定律,求得

$$\left.\begin{array}{l}\gamma_{xy} = \dfrac{\tau_{xy}}{G}\\[2mm]\gamma_{yz} = \dfrac{\tau_{yz}}{G}\\[2mm]\gamma_{zx} = \dfrac{\tau_{zx}}{G}\end{array}\right\} \tag{7-12}$$

式(7-11)和式(7-12)称为广义胡克定律。

对于同一种各向同性材料,广义胡克定律中的三个弹性常数并不完全独立,它们之间存在下列关系

$$G = \frac{E}{2(1+\nu)} \tag{7-13}$$

特别地,在平面应力状态下,假设应力 σ_z 为零,则广义胡克定律为

$$\left.\begin{array}{l}\varepsilon_x = \dfrac{1}{E}(\sigma_x - \nu\sigma_y)\\[2mm]\varepsilon_y = \dfrac{1}{E}(\sigma_y - \nu\sigma_x)\\[2mm]\varepsilon_z = -\dfrac{\nu}{E}(\sigma_x + \sigma_y)\\[2mm]\gamma_{xy} = \dfrac{\tau_{xy}}{G}\end{array}\right\} \tag{7-14}$$

对于主单元体,其表面只有三个主应力 σ_1、σ_2、σ_3,如图 7-15 所示,则沿主应力方向只有线应变,这种沿着主应力方向的线应变称为主应变,分别记为 ε_1、ε_2、ε_3。此时,广义胡克定律

可用主应力和主应变表示为

$$\left.\begin{aligned} \varepsilon_1 &= \frac{1}{E}\left[\sigma_1 - \nu(\sigma_2 + \sigma_3)\right] \\ \varepsilon_2 &= \frac{1}{E}\left[\sigma_2 - \nu(\sigma_1 + \sigma_3)\right] \\ \varepsilon_3 &= \frac{1}{E}\left[\sigma_3 - \nu(\sigma_1 + \sigma_2)\right] \end{aligned}\right\} \qquad (7\text{-}15)$$

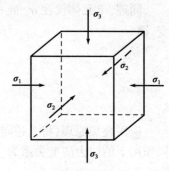

图 7-15　主单元体

在 $\sigma_1 \geqslant \sigma_2 \geqslant \sigma_3$ 的前提下,可以得到 $\varepsilon_1 \geqslant \varepsilon_2 \geqslant \varepsilon_3$。

【例题7-8】　图7-16a)所示钢质圆杆的上端固定,下端承受轴向拉力 F_P。实验测得 C 点与水平线夹60°角方向上的线应变为 $\varepsilon_{60°} = 410 \times 10^{-6}$。若已知材料的弹性模量 $E = 210\text{GPa}$,泊松比 $\nu = 0.28$,钢杆直径 $d = 20\text{mm}$。求杆的轴向拉力 F。

【解】　本题已知的是 C 点与水平夹角60°方向上的应变,而要求的是外加轴向力 F。因此,必须首先建立二者之间的联系。

为此,围绕 C 点截取微单元体其受力如图7-16b)所示。其中应力为

$$\sigma = \frac{F}{A} = \frac{4F}{\pi d^2}$$

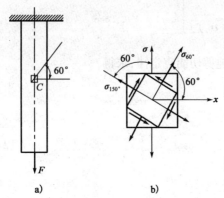

a)　　　　　b)

图7-16　例题7-8图

这是横截面上的应力,它与60°方向上的线应变没有直接联系。与这一应变直接相关的是这一方向的正应力和另一个与之垂直方向的正应力。前者作用面的法线与 x 轴夹角为60°;后者作用面法线与 x 轴夹角为 $60° + 90° = 150°$(或者 $-30°$)。

应用解析式或应力圆法可以建立这两方向的应力($\sigma_{60°}$,$\sigma_{150°}$)与 σ 之间的关系,再利用广义胡克定律即可建立60°方向的线应变 $\varepsilon_{60°}$ 与横截面上正应力 σ 之间的关系,亦即建立 $\varepsilon_{60°}$ 与 F 之间的联系。

(1)应用解析式建立 $\sigma_{60°}$、$\sigma_{150°}$ 与 σ 之间的关系

$$\sigma_{60°} = \frac{\sigma_x + \sigma_y}{2} + \frac{\sigma_x - \sigma_y}{2}\cos 2\theta - \tau_{xy}\sin 2\theta = \frac{0+\sigma}{2} + \frac{0-\sigma}{2}\cos 120° - 0 = \frac{3}{4}\sigma$$

$$\sigma_{150°} = \frac{\sigma_x + \sigma_y}{2} + \frac{\sigma_x - \sigma_y}{2}\cos 2\theta - \tau_{xy}\sin 2\theta = \frac{0+\sigma}{2} + \frac{0-\sigma}{2}\cos 300° - 0 = \frac{1}{4}\sigma$$

(2)利用广义胡克定律建立线应变 $\varepsilon_{60°}$ 与 σ 和 F_P 之间的关系

$$\varepsilon_{60°} = \frac{\sigma_{60°}}{E} - \nu\frac{\sigma_{150°}}{E} = \frac{1}{E}\left(\frac{3}{4}\sigma - \nu\frac{1}{4}\sigma\right) = \frac{\sigma}{E}\left(\frac{3}{4} - \frac{\nu}{4}\right) = \frac{4F}{\pi dE}\left(\frac{3}{4} - \frac{\nu}{4}\right)$$

由此解得

$$F = \frac{\pi E \varepsilon_{60°} d^2}{3 - \nu}$$

将已知数据代入,算得

$$F = \frac{\pi \times 210 \times 10^9 \text{Pa} \times 410 \times 10^{-6} \times (20 \times 10^{-3} \text{m})^2}{3 - 0.28} = 39.8 \times 10^3 \text{N} = = 39.8 \text{kN}$$

【例题 7-9】 图 7-17a)所示结构,已知材料常数为 E、ν,现测得 K 点与轴线成 45°方向上的应变为 ε,试确定梁上的荷载 F_P(设工字钢型号已知)。

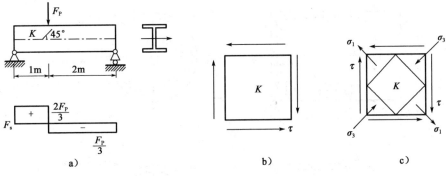

图 7-17 例题 7-9 图

【解】 (1)分析 K 点的应力状态

在外荷载作用下,梁发生弯曲变形,剪力图如图 7-17a)所示。K 点所在截面剪力为 $F_s = \frac{2F_P}{3}$,K 点位于截面中性轴上,由弯曲时截面上应力的分布特点可知,K 点处正应力为零,只有切应力,处于纯剪切状态。K 点横截面上的切应力方向,与该截面的剪力方向一致,K 点的单元体如图 7-17b)所示,其表面切应力为

$$\tau = \frac{F_s S^*}{I_z b} = \frac{2F_P S^*}{3 I_z b}$$

参考例题 7-3 分析,K 点的三个主应力分别为

$$\sigma_1 = \tau, \sigma_2 = 0, \sigma_3 = -\tau$$

主平面外法线与梁轴线成 45°角,如图 7-17c)所示。

(2)根据广义胡克定律,求解切应力 τ

由图 7-17c)所示单元体可知:K 点与轴线成 45°方向上的应变,是最小的主应变 ε_3,将主应力值代入广义胡克定律,由

$$\varepsilon_3 = \left| \frac{1}{E} [\sigma_3 - \nu(\sigma_1 + \sigma_2)] \right| = \frac{-\tau}{E}(1 + \nu)$$

可得

$$\tau = \frac{-E\varepsilon_3}{1 - \nu} = \frac{E\varepsilon}{1 - \nu}$$

进一步可得荷载为

$$F_P = \frac{-3I_z dE\varepsilon}{2S^*(1 + \nu)}$$

【**例题 7-10**】 图 7-18a)所示为承受内压的薄壁容器。为测量容器所承受的内压力值,在容器表面用电阻应变片测得环向应变 $\varepsilon_t = 350 \times 10^{-6}$。若已知容器平均直径 $D = 500\text{mm}$,壁厚 $\delta = 10\text{mm}$,容器材料的 $E = 210\text{GPa}, \nu = 0.25$。试:

(1)导出容器横截面和纵截面上的正应力表达式;

(2)计算容器所受的内压力。

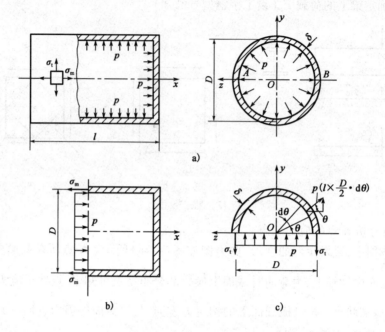

图 7-18   例题 7-10 图

【**解**】 (1)容器的环向和纵向应力表达式

薄壁容器承受内压后,在横截面和纵截面上都将产生应力。作用在横截面上的正应力沿着容器轴线方向,故称为**轴向应力**或**纵向应力**(Longitudinal Stress),用 σ_m 表示;作用在纵截面上正应力沿着圆周的切线方向,故称为**环向应力**(Hoop Stress),用 σ_t 表示。

因为容器壁较薄($D/\delta \gg 1$),若不考虑端部效应,可认为上述两种应力均沿容器厚度方向均匀分布。因此,可以采用平衡方法和由流体静力学得到的结论,导出纵向和环向应力与 D、δ、p 的关系式。而且,由于壁很薄,可用平均直径近似代替内径。

用横截面和纵截面分别将容器截开,其受力分别如图 7-18b)、c)所示。根据平衡方程 $\sum F_x = 0, \sum F_y = 0$,可以写出

$$\sigma_m(\pi D \delta) - p \times \frac{\pi D^2}{4} = 0$$

$$\sigma_t(l \times 2\delta) - p \times D \times l = 0$$

由此解出

$$\left. \begin{array}{l} \sigma_m = \dfrac{pD}{4\delta} \\[3mm] \sigma_t = \dfrac{pD}{2\delta} \end{array} \right\}$$

（2）根据应变确定容器的内压力

容器表面各点均承受二向拉伸应力状态，如图 7-18a）中所示。所测得的环向应变不仅与环向应力有关，而且与纵向应力有关。根据广义胡克定律，得

$$\varepsilon_t = \frac{\sigma_t}{E} - \nu \frac{\sigma_m}{E}$$

将式（7-14）和有关数据代入上式，解得

$$p = \frac{2E\delta\varepsilon_t}{D(1-0.5\nu)} = \left[\frac{2 \times 210 \times 10^9 \times 10 \times 10^{-3} \times 350 \times 10^{-6}}{500 \times 10^{-3} \times (1 - 0.5 \times 0.25)}\right]\text{Pa}$$
$$= 3.36 \times 10^6 \text{Pa} = 3.36\text{MPa}$$

第五节 强度理论

拉伸和弯曲强度问题中所建立的强度条件，是材料在单向应力状态下不发生失效，并且具有一定的安全裕度的依据；扭转强度条件则是材料在纯切应力状态下不发生失效，并且具有一定的安全裕度的依据。这些强度条件建立了工作应力与极限应力之间的关系。

对单向应力状态和纯切应力状态下的极限应力值，是直接由实验确定的。但是，复杂应力状态下则不能。这是因为复杂应力状态各式各样，可以说有无穷多种，不可能一一通过实验确定极限应力；另一方面，有些复杂应力状态的实验，技术上难以实现。大量实验结果表明，无论应力状态多么复杂，材料在常温、静载作用下主要发生两种形式的强度失效：一种是**屈服**；另一种是**断裂**。

对于同一种失效形式，有可能在引起失效的原因中包含着共同的因素。建立复杂应力状态下的强度失效判据，就是提出关于材料在不同应力状态下失效共同原因的各种假说。根据这些假说，就有可能利用单向拉伸的实验结果，建立材料在复杂应力状态下的失效判据。就可以预测材料在复杂应力状态下，何时发生失效，以及怎样保证不发生失效，进而建立复杂应力状态下强度条件。强度理论既然是推测强度失效原因的一种假说，它是否正确，适用于什么情况，必须由生产实践来检验。本节将通过对屈服和断裂原因的假说，直接应用单向拉伸的实验结果，建立材料在各种应力状态下的屈服与断裂的强度理论。

最大拉应力理论（第一强度理论）。这一理论认为最大拉应力是引起材料断裂的主要因素。即认为无论单元体处于什么应力状态，只要最大拉应力 σ_1 达到某一极限值，则材料就发生脆性断裂。在单向拉伸应力状态下，只有 $\sigma_1(\sigma_2 = \sigma_3 = 0)$，而当 σ_1 达到强度极限 σ_b 时，发生断裂。这时上面所指的极限值就是强度极限 σ_b，于是得断裂准则为

$$\sigma_1 = \sigma_b \tag{7-16}$$

将 σ_b 除以安全系数 n_b，即得第一强度理论的强度条件为

$$\sigma_1 \leqslant \frac{\sigma_b}{n_b} = [\sigma] \tag{7-17}$$

这一理论能较好地解释铸铁、玻璃、石膏、砖石等脆性材料的破坏现象，与实验结果吻合得较好。但没有考虑另外两个主应力的影响，且对没有拉应力的状态（如单向压缩、三向压缩等）无法使用，对塑性材料的屈服失效也无法解释。

最大线应变理论（第二强度理论）。这一理论认为最大线应变是引起材料脆性断裂的主要因素。即认为无论单元体处于什么应力状态，只要最大线应变 ε_1 达到某一极限值，材料即发生脆性断裂。假设仍可用胡克定律计算应变，则这个极限值 $\varepsilon_u = \sigma_b/E$。故根据第二强度理论，材料断裂的条件是

$$\varepsilon_1 = \frac{\sigma_b}{E} \tag{7-18}$$

由广义胡克定律知

$$\varepsilon_1 = \frac{1}{E}[\sigma_1 - \nu(\sigma_2 + \sigma_3)]$$

代入式（7-20）得断裂准则为

$$\sigma_1 - \nu(\sigma_2 + \sigma_3) = \sigma_b \tag{7-19}$$

将 σ_b 除以安全系数 n_b，即得第二强度理论的强度条件为

$$\sigma_1 - \nu(\sigma_2 + \sigma_3) \leqslant [\sigma] = \frac{\sigma_b}{n_b} \tag{7-20}$$

这一理论能较好地解释石料、混凝土等脆性材料受轴向压缩时沿纵向截面开裂的现象，铸铁受拉—压二向应力且压应力较大时，实验结果也与这一理论接近。这一理论考虑了其余两个主应力 σ_2 和 σ_3 对材料强度的影响，在形式上较最大拉应力理论更为完善。但不一定总是合理的，如在二轴或三轴受拉情况下，按这一理论应该比单轴受拉时不易断裂，显然与实际情况并不相符。一般而言，最大拉应力理论适用于脆性材料以拉应力为主的情况，而最大线应变理论适用于以压应力为主的情况。

最大切应力理论（第三强度理论）。这一理论认为最大切应力是引起材料塑性屈服的主要因素。即认为无论材料处于什么应力状态，只要最大切应力 τ_{max} 达到某一极限值 τ_u，材料即发生塑性屈服。在单向拉伸应力状态下，轴向拉伸实验发生屈服时，横截面上的正应力达到屈服极限，即 $\sigma = \sigma_s$，此时最大切应力为

$$\tau_{max} = \frac{\sigma_1 - \sigma_3}{2} = \frac{\sigma}{2} = \frac{\sigma_s}{2} \tag{7-21}$$

所以材料发生塑性屈服的条件是 $\tau_{max} = \tau_u = \frac{\sigma_s}{2}$。复杂应力状态下最大切应力为

$$\tau_{max} = \frac{\sigma_1 - \sigma_3}{2}$$

上式代入式（7-21）得用主应力表示的屈服准则

$$\sigma_1 - \sigma_3 = \sigma_s \tag{7-22}$$

将 σ_s 除以安全系数 n_s，即得第三强度理论的强度条件为

$$\sigma_1 - \sigma_3 \leqslant [\sigma] = \frac{\sigma_s}{n_s} \tag{7-23}$$

试验结果表明,最大切应力理论较圆满地解释了塑性材料的屈服现象,与许多塑性材料在大多数受力情况下发生屈服的实验结果相当符合。但它没有考虑主应力 σ_2 的影响,在二向应力状态下,与实验结果比较,理论计算偏于安全。

畸变能密度理论(第四强度理论)。 这一理论认为畸变能密度是引起材料塑性屈服的主要因素。即认为无论材料处于什么应力状态,只要畸变能密度 v_d 达到了某一极限值 v_{du},材料就发生屈服(或剪断)。在单向拉伸应力状态下,拉伸实验至屈服时,$\sigma_1 = \sigma_s$、$\sigma_2 = \sigma_3 = 0$,此时的畸变能密度,就是所有应力状态发生屈服时的极限值 v_{du}。对于主应力为 σ_1、σ_2、σ_3 的复杂应力状态,其畸变能密度为

$$v_d = \frac{1+\nu}{6E}[(\sigma_1-\sigma_2)^2+(\sigma_2-\sigma_3)^2+(\sigma_3-\sigma_1)^2]$$

将 $\sigma_1=\sigma_s$,$\sigma_2=\sigma_3$ 带入上式得

$$v_{du} = \frac{1+v}{6E} = \sigma_s^2$$

用主应力表示的屈服条件为

$$\sqrt{\frac{1}{2}[(\sigma_1-\sigma_2)^2+(\sigma_2-\sigma_3)^2+(\sigma_3-\sigma_1)^2]} = \sigma_s \tag{7-24}$$

将 σ_s 除以安全系数 n_s,即得第四强度理论的强度条件为

$$\sqrt{\frac{1}{2}[(\sigma_1-\sigma_2)^2+(\sigma_2-\sigma_3)^2+(\sigma_3-\sigma_1)^2]} \leq [\sigma] \tag{7-25}$$

试验结果还表明,在平面应力状态下,大多数情况下畸变能密度理论比最大切应力理论更符合实际。

综合式(7-17)、式(7-20)、式(7-23)和式(7-25),按四个强度理论所建立的强度条件可统一写作

$$\sigma_r \leq [\sigma] \tag{7-26}$$

式中,σ_r 是根据不同强度理论所得到的构件危险点处的三个主应力的某些组合,称为相当应力。按照从第一强度理论到第四强度理论的顺序,相当应力分别为

$$\left.\begin{array}{l} \sigma_{r1} = \sigma_1 \\ \sigma_{r2} = \sigma_1 - \nu(\sigma_2+\sigma_3) \\ \sigma_{r3} = \sigma_1 - \sigma_3 \\ \sigma_{r4} = \sqrt{\frac{1}{2}[(\sigma_1-\sigma_2)^2+(\sigma_2-\sigma_3)^2+(\sigma_3-\sigma_1)^3]} \end{array}\right\} \tag{7-27}$$

以上介绍了四种常用的强度理论。铸铁、玻璃、石料、混凝土等脆性材料,通常以脆性断裂的形式失效,宜采用第一或第二强度理论。碳钢、铜、镍、铝等制性材料,通常以塑性屈服的形式失效,宜采用第三或第四强度理论。

【例题 7-11】 某结构上危险点处的应力状态如图 7-19 所示,其中 $\sigma = 116.7\text{MPa}$,$\tau = 46.3\text{MPa}$。材料为钢,许用应力 $[\sigma] = 160\text{MPa}$。试校核此结构是否安全。

【解】 对于这种平面应力状态,不难求得非零的主应力为

$$\begin{matrix} \sigma' \\ \sigma'' \end{matrix} = \frac{\sigma}{2} \pm \frac{1}{2}\sqrt{\sigma^2 + 4\tau^2}$$

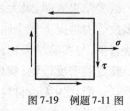

图 7-19　例题 7-11 图

因为有一个主应力为零,故有

$$\left. \begin{matrix} \sigma_1 = \dfrac{\sigma}{2} + \dfrac{1}{2}\sqrt{\sigma^2 + 4\tau^2} \\[2mm] \sigma_2 = 0 \\[2mm] \sigma_3 = \dfrac{\sigma}{2} - \dfrac{1}{2}\sqrt{\sigma^2 + 4\tau^2} \end{matrix} \right\}$$

钢材在这种应力状态下可能发生屈服,故可采用第三或第四强度理论作强度计算。于是,其强度条件为

$$\sigma_{r3} = \sigma_1 - \sigma_3 = \sqrt{\sigma^2 + 4\tau^2} \leqslant [\sigma]$$

$$\sigma_{r4} = \sqrt{\frac{1}{2}\left[(\sigma_1 - \sigma_2)^2 + (\sigma_2 - \sigma_3)^2 + (\sigma_3 - \sigma_1)^2\right]} = \sqrt{\sigma^2 + 3\tau^2} \leqslant [\sigma]$$

将已知的 σ 和 τ 数值代入上述两式不等号的左侧,得

$$\sigma_{r3} = \sqrt{\sigma^2 + 4\tau^2} = \sqrt{116.7^2 \times 10^{12} + 4 \times 46.3^2 \times 10^{12}}\,\text{Pa} = 149.0 \times 10^6\,\text{Pa} = 149.0\,\text{MPa}$$

$$\sigma_{r4} = \sqrt{\sigma^2 + 3\tau^2} = \sqrt{116.7^2 \times 10^{12} + 3 \times 46.3^2 \times 10^{12}}\,\text{Pa} = 141.6 \times 10^6\,\text{Pa} = 141.6\,\text{MPa}$$

可见,采用第三强度理论进行强度校核偏于安全,本例题中两者的误差为 5.2%。

【例题 7-12】　工字形截面梁受力如图 7-20a)所示,已知梁的 $[\sigma] = 180\text{MPa}$,$[\tau] = 100\text{MPa}$。试按第三强度理论选择工字钢型号。

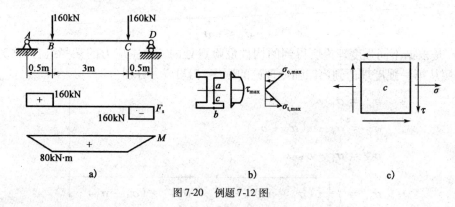

图 7-20　例题 7-12 图

【解】　(1)作 F_s、M 图

在图示荷载作用下,梁弯曲后的 F_s、M 图如图 7-20a)所示。由 F_s、M 图可知:梁上 B、C 截面为危险截面,$F_{smax} = 160\text{kN}$,$M_{max} = 80\text{kN} \cdot \text{m}$。

(2)按正应力强度条件选择工字钢型号

由弯曲时危险截面上正应力、切应力分布规律可知,危险截面上可能的危险点分别为 a、b、c 三点,如图 7-20b)所示。

M_{max} 截面上的 b 点是全梁正应力最大的点,其切应力为零。由正应力强度条件

$$\sigma_{max} = \frac{M_{max}}{W_z} \leqslant [\sigma]$$

可得

$$W_z \geqslant \frac{M_{max}}{[\sigma]} = \frac{80 \times 10^3}{180 \times 10^6} \times 10^6 = 444.44 \, \text{cm}^3$$

查型钢表,取 28a 工字钢。

(3)按切应力强度条件进行校核

对于 28a 工字钢的截面,由型钢规格表查得

$$I_z = 7114 \, \text{cm}^4, \frac{I_z}{S^*} = 24.62 \, \text{cm}, b = 8.5 \, \text{mm}$$

F_{smax} 截面上的 a 点是全梁切应力最大的点,其正应力为零,校核该点的切应力强度

$$\tau_{max} = \frac{F_{smax}S^*}{I_z b} = \frac{160 \times 10^3}{24.62 \times 10^{-2} \times 8.5 \times 10^{-3}} \times 10^{-6} = 76.4 \, \text{MPa} < [\tau]$$

由此可见,选用 28a 工字钢满足切应力的强度条件。

(4)用第三强度理论校核

以上考虑了危险截面上的最大正应力和最大切应力,但对于工字形截面,在腹板与翼缘交界处,正应力和切应力都相当大,且为平面应力状态,因此须用强度理论对这些点进行强度校核。为此,选取 B、C 截面上腹板与下翼缘交界的 c 点,截取出的单元体如图 7-20c)所示,计算 c 点处的正应力和切应力分别为

$$\sigma = \frac{M_{max}y}{I_z} = \frac{80 \times 10^3 \times 0.1263}{7114 \times 10^{-8}} \times 10^{-6} = 142.03 \, \text{MPa}$$

$$\tau = \frac{F_s S^*}{I_z b} = \frac{160 \times 10^3 \times 223 \times 10^{-6}}{7114 \times 10^{-8} \times 8.5 \times 10^{-3}} \times 10^{-6} = 59 \, \text{MPa}$$

第二式中的 S^* 是横截面的下翼缘面积对中性轴的静矩,翼缘的形状可近似视为 $122 \times 8.5 \, \text{mm}^2$ 的矩形,于是

$$S^* = 122 \times 13.7 \times \left(126.3 + \frac{13.7}{2}\right) = 223 \times 10^3 \, \text{mm}^3 = 223 \times 10^{-6} \, \text{m}^3$$

因为 c 点的应力状态与例 7-11 相同,故可用式(7-23)和式(7-25)进行强度校核。

用第三强度理论进行强度校核

$$\sigma_{r3} = \sqrt{\sigma^2 + 4\tau^2} = \sqrt{142.03^2 + 4 \times 59^2} = 184.65 \, \text{MPa} > [\sigma]$$

若用第四强度理论进行强度校核

$$\sigma_{r4} = \sqrt{\sigma^2 + 3\tau^2} = \sqrt{142.03^2 + 3 \times 59^2} = 174.97 \, \text{MPa} < [\sigma]$$

综合上述计算可见,用第三强度理论校核 c 点的强度是不安全的,但用第四强度理论校核则是安全的,工程中一般认为相当应力不大于许用应力的 5% 左右时可以使用,所以可以认为此梁是安全的。比较上述结果,说明用第四强度理论进行设计可以更充分地发挥材料的承载能力。

【例题 7-13】 某锅炉汽包的受力及截面尺寸如图 7-21a)所示。图中将锅炉自重简化为均布荷载。若已知内压 $p = 3.4\text{MPa}$,总重 600kN;汽包材料为 20 号锅炉钢,其屈服强度 $\sigma_s = 200\text{MPa}$,要求安全因数 $n_s = 2.0$。试用第三强度理论校核该汽包的强度是否安全。

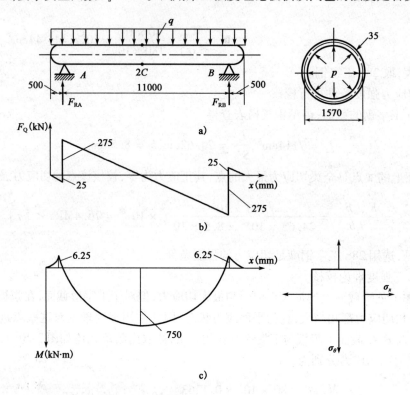

图 7-21 例题 7-12 图(尺寸单位:mm)

【解】(1)作弯矩图确定危险截面上的最大弯矩

汽包可以简化为两端外伸的梁。根据总重算得梁上的荷载集度

$$q = \frac{600\text{kN}}{12\text{m}} = 50\text{kN/m}$$

A、B 二处的约束力为

$$F_{RA} = F_{RB} = \frac{600\text{kN}}{2} = 300\text{kN}$$

根据上述受力可以画出剪力图和弯矩图,如图 7-21b)所示。从图中可以看出中间截面 C 处弯矩最大,故 C 为危险截面,其上的弯矩为

$$M_{max} = 750\text{kN} \cdot \text{m}$$

(2)确定危险点及其应力状态

汽包在内压 p 作用下各处受力相同(忽略径向应力),而在自重作用下,则 C 截面上的 1、2 两点应力最大,故这两点为可能危险点,这两点均为二向应力状态,如图 7-21c)所示。

虽然第 1 点在弯曲作用下产生压应力,抵消了一部分由内压引起的轴向应力。但是根据第三强度理论,第 2 点与第 1 点同样可能危险,它的应力状态如图 7-21c)所示。

先校核第 2 点的强度:第 2 点的环向应力为内压力引起,其值为

$$\sigma_\theta = \frac{pD}{2\delta} = \frac{3.4 \times 10^6 \times 1570 \times 10^{-3}}{2 \times 35 \times 10^{-3}} = 76.3 \times 10^6 \text{Pa} = 76.3\text{MPa}$$

轴向应力则包括两部分

$$\sigma_x = \sigma_x(p) + \sigma_x(M)$$

其中 $\sigma_x(p)$ 为内压 p 力引起,其值为

$$\sigma_x(p) = \frac{pD}{4\delta} = \frac{3.4 \times 10^6 \times 1570 \times 10^{-3}}{4 \times 35 \times 10^{-3}} = 38.1 \times 10^6 \text{Pa} = 38.1 \text{MPa}$$

$\sigma_x(M)$ 为弯矩 $M_{\max}$ 引起,其值为

$$\sigma_x(M) = \frac{M_{\max}}{W}$$

其中

$$W = \frac{I}{\frac{D}{2}}$$

可采用近似公式

$$W = \frac{I}{\frac{D}{2}} \approx \frac{\frac{\pi D^3 \delta}{8}}{\frac{D}{2}} = \frac{\pi D^2 \delta}{4} = \frac{\pi \times (1570 \times 10^{-3})^2 \times 35 \times 10^{-3}}{4} = 67.8 \times 10^{-3} \text{m}^3$$

代入 $M_{\max}$ 表达式,算得

$$\sigma_x(M) = \frac{M_{\max}}{W} = \frac{750 \times 10^3}{6.78 \times 10^{-3}} = 11.1 \times 10^6 \text{Pa} = 11.1 \text{MPa}$$

代入①式后,得到第 2 点的轴向应力

$$\sigma_x = \sigma_x(p) + \sigma_x(M) = (38.0 + 11.1)\text{MPa} = 49.1 \text{MPa}$$

(3)确定主应力并进行强度计算

由图 7-21c)所示的应力状态可以看出,σ_θ 和 σ_x 作用面上均无切应力作用,故 σ_θ 和 σ_x 均为主应力,另外,平面应力状态有一个主应力为零。于是三个主应力分别为

$$\left.\begin{array}{l}\sigma_1 = \sigma_\theta = 76.3 \text{MPa} \\ \sigma_2 = \sigma_x = 49.1 \text{MPa} \\ \sigma_3 = 0\end{array}\right\}$$

于是,利用第三强度理论

$$\sigma_{r3} = \sigma_1 - \sigma_3 = 76.3 - 0 = 76.3 \text{MPa}$$

而许用应力

$$[\sigma] = \frac{\sigma_s}{n_s} = \frac{200}{2} = 100 \text{MPa}$$

所以

$$\sigma_{r3} = \sigma_1 - \sigma_3 = (76.3 - 0) = 76.3\,\text{MPa} < [\sigma] = 100\,\text{MPa}$$

这一结果表明第 2 点的强度是安全的。同样还可以验证第 1 点也是安全的。因而,汽包是安全的。

本 章 小 结

1. 应力状态是指通过"一点"不同截面上的应力情况,它可以用围绕该点三对相互垂直的微面构成的微正六面体来表示,如果作用于三对微面上的应力分量已知,则该点的应力状态即为已知。

2. 应力分析即根据已知应力状态求解任意指定斜截面上应力及相应方位微元体的三对微面上的应力。本章着重对平面一般应力状态作应力分析,其基本方法为截面法,利用平衡条件可求得平行 z 轴且与 x 轴成 α 倾角的斜截面上应力表达式

$$\sigma_\alpha = \frac{1}{2}(\sigma_x + \sigma_y) + \frac{1}{2}(\sigma_x - \sigma_y)\cos 2\alpha - \tau_{xy}\sin 2\alpha$$

$$\tau_\alpha = \frac{1}{2}(\sigma_x - \sigma_y)\sin 2\alpha + \tau_{xy}\cos 2\alpha$$

3. 主应力即正应力极值,或切应力为零的微面上的正应力,平面一般应力状态一般有两个非零主应力

$$\begin{matrix}\sigma_{\max}\\[6pt]\sigma_{\min}\end{matrix} = \frac{1}{2}(\sigma_x + \sigma_y) \pm \frac{1}{2}\sqrt{(\sigma_x - \sigma_y)^2 + 4\tau_{xy}^2}$$

位于与 x 面成 α_0、$\alpha_0 + 90°$ 倾角的两个主平面上

$$\tan 2\alpha_0 = -\frac{2\tau_{xy}}{\sigma_x - \sigma_y}$$

主切应力即切应力极值。两个主切应力大小相等、方向相反,即遵守切应力互等定理,并且大小等于两个主应力之差的一半

$$\begin{matrix}\tau_{极大}\\[6pt]\tau_{极小}\end{matrix} = \pm\frac{1}{2}\sqrt{(\sigma_x - \sigma_y)^2 + 4\tau_{xy}^2} = \pm\frac{1}{2}(\sigma_{极大} - \sigma_{极小})$$

其作用面与主平面成 ±45° 夹角。

4. 应力分析除了上述解析法外,图解法(应力圆法)也非常简洁方便。应力圆法的理论基础是式(7-1)、式(7-8)推得的应力圆方程。按一定步骤可以方便地作出相应平面一般应力状态的应力圆。

正确掌握微元体上的"面"与应力圆上的"点"的对应关系是应用应力圆法求解指定截面上应力的关键。例如:在图 7-11b)的应力圆上点 D 对应图 7-11a)的微元体上 a-e 面。

5. 广义胡克定律描述线弹性材料在弹性范围内,小变形条件下的应力分量与应变分量的关系。对于各向同性材料,主应力形式的表达式为

$$\varepsilon_1 = \frac{1}{E}[\sigma_1 - \nu(\sigma_2 + \sigma_3)]$$

$$\varepsilon_2 = \frac{1}{E}[\sigma_2 - \nu(\sigma_3 + \sigma_1)]$$

$$\varepsilon_3 = \frac{1}{E}[\sigma_3 - \nu(\sigma_1 + \sigma_2)]$$

平面一般应力状态下,平面内任意方向 n_α 方位上的应变分量为

$$\varepsilon_\alpha = \frac{1}{E}[\sigma_\alpha - \nu\sigma_{\alpha+90°}]$$

$$\varepsilon_{\alpha+90°} = \frac{1}{E}[\sigma_{\alpha+90°} - \nu\sigma_\alpha]$$

$$\gamma_\alpha = \frac{\tau_\alpha}{G} = \frac{2(1+\nu)}{E}\tau_\alpha$$

6. 四个经典强度理论中,第一、第二理论针对脆性断裂分别提出最大拉应力和最大拉应变为引起材料脆断的共同原因。其中

第一强度理论表达为

$$\sigma_1 = \sigma_b, \sigma_1 \leq [\sigma] = \frac{\sigma_b}{n_b}$$

第二强度理论表达为

$$\sigma_1 - \nu(\sigma_2 + \sigma_3) = \sigma_b, \sigma_1 - \nu(\sigma_2 + \sigma_3) \leq [\sigma] = \frac{\sigma_b}{n_b}$$

第一强度理论适用于拉伸型应力状态 $(\sigma_1 \geq \sigma_2 > \sigma_3 = 0)$ 和混合型中拉应力占优的应力状态 $(\sigma_1 > 0, \sigma_3 < 0,$ 但 $|\sigma_1| > |\sigma_3|)$ 下的大多数脆性材料;第二强度理论适用于少数脆性材料,如石料、混凝土受压缩。

第三、第四强度理论针对塑性屈服分别提出最大切应力和形状改变比能为导致材料进入失效形式的共同原因。其中

第三强度理论表达为

$$\sigma_1 - \sigma_3 = \sigma_s, \sigma_1 - \sigma_3 \leq [\sigma] = \frac{\sigma_s}{n_s}$$

第四强度理论表达为

$$\sqrt{\frac{1}{2}[(\sigma_1 - \sigma_2)^2 + (\sigma_2 - \sigma_3)^2 + (\sigma_3 - \sigma_1)^2]} = \sigma_s$$

$$\sqrt{\frac{1}{2}[(\sigma_1 - \sigma_2)^2 + (\sigma_2 - \sigma_3)^2 + (\sigma_3 - \sigma_1)^2]} \leq [\sigma] = \frac{\sigma_s}{n_s}$$

此两理论都较好地描述了材料的屈服规律。第三强度理论偏于安全,因而更多地应用于机械、动力等工程部门,且用于"剪断"这一失效形态。第四强度理论要求较为严密,更多地应用于荷载、材料强度性能更加稳定的(如土木建筑等)工程部门。

思 考 题

7-1 何谓单向应力状态和二向应力状态?圆轴受扭时,轴表面各点处于何种应力状态?

7-2 梁横向弯曲时,梁顶面、梁底面及其他各点分别处于何种应力状态?

7-3 带尖角的轴向拉伸杆如图 7-22 所示。试指出尖角点 A 的应力状态,并分析为什么。

7-4 试问在何种情况下,平面应力状态的应力圆符合以下

特征:(1)一个点圆;(2)圆心在原点;(3)与 τ 轴相切。

7-5 试用广义胡克定律,证明弹性常数 E、G、μ 间的关系。

7-6 将沸腾的水倒入厚玻璃杯里,玻璃杯内、外壁的受力情

图 7-22 思考题 7-3 图

况如何?若因此而发生破裂,试问破裂是从内壁开始,还是从外壁开始,为什么?

习 题

7-1 各构件受力和尺寸如图 7-23 所示,试从 A 点或 B 点取出单元体,并表示其应力状态。

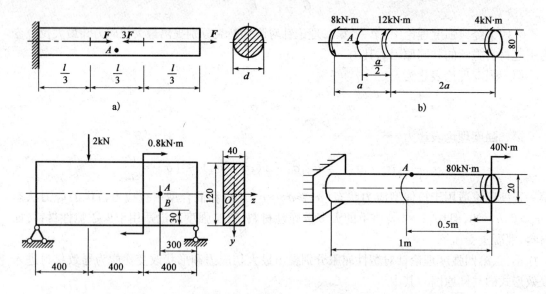

图 7-23 题 7-1 图(尺寸单位:mm)

7-2 已知应力状态如图 7-24 所示,试用解析法求解:(1)$\sigma_{30°}$ 和 $\tau_{30°}$;(2)主应力的大小及主平面的方位;(3)最大切应力(应力单位为 MPa)。

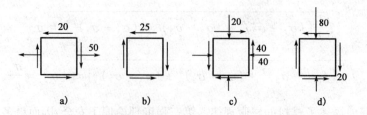

图 7-24 习题 7-2 图(应力单位:MPa)

7-3 在图 7-25 所示应力状态中,试用解析法和图解法求出指定斜截面上的应力,并表示在单元体上(应力单位为 MPa)。

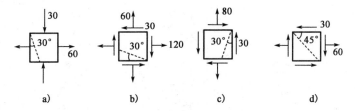

图 7-25 习题 7-3 图(应力单位:MPa)

7-4 层合板构件中微元受力如图 7-26 所示,各层板之间用胶黏接,接缝方向如图中所示。若已知胶层切应力不得超过 1MPa。试分析是否满足这一要求。

7-5 已知矩形截面梁某截面上的剪力和弯矩分别为 $F_s = 120\text{kN}$、$M = 10\text{kN} \cdot \text{m}$,试绘出截面上 1、2、3、4 各点应力状态的单元体,并求其主应力。

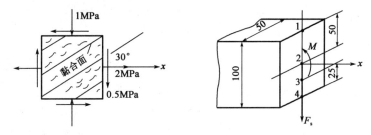

图 7-26 习题 7-4 图   图 7-27 习题 7-5 图(尺寸单位:mm)

7-6 矩形截面简支梁如图 7-28 所示,在跨中作用有集中力 $F_P = 100\text{kN}$。若 $L = 2\text{m}$,$b = 200\text{mm}$,$h = 600\text{mm}$。试求距离左支座 $L/4$ 处截面上 C 点在 40° 斜截面上的应力。

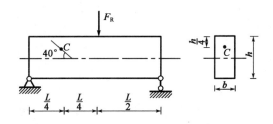

图 7-28 习题 7-6 图

7-7 承受内压的铝合金制的圆筒形薄壁容器如图 7-29 所示。已知内压 $p = 3.5\text{MPa}$,材料的 $E = 75\text{GPa}$,$\nu = 0.33$。试求圆筒的半径改变量。

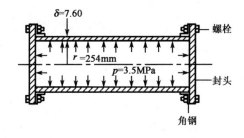

图 7-29 习题 7-7 图

7-8 传动轴受力如图7-30所示。若已知材料的$[\sigma]=120$MPa,试根据第三强度理论设计轴的直径。

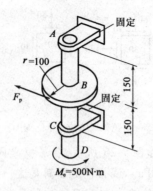

图7-30 习题7-8图(尺寸单位:mm)

第八章 DIBAZHANG

组合变形

本章导读

　　工程中有些杆件在外力作用下,常常同时产生两种或两种以上的基本变形,称为组合变形杆件。计算杆在组合变形下的应力和变形时,如材料在线弹性范围内和小变形条件下,可分别计算出每种基本变形下的应力和变形,再应用叠加原理得到杆在组合变形下的应力和变形。本章介绍拉伸(压缩)与弯曲、弯曲与扭转这两种组合变形的强度问题。

学习目标

　　1.掌握拉伸(压缩)与弯曲的组合变形的强度问题;
　　2.掌握弯曲与扭转的组合变形的强度问题。

学习重点

　　1.掌握拉伸(压缩)与弯曲的组合变形的强度问题;
　　2.掌握弯曲与扭转的组合变形的强度问题。

学习难点

　　弯曲与扭转的组合变形的强度问题。

本章学习计划

内　　容	建议自学时间 （学时）	学　习　建　议	学　习　记　录
第一节　拉伸（压缩）与弯曲的组合变形	1.5	注意区分横截面上应力的正负区域，正确进行应力的叠加	
第二节　弯曲与扭转的组合变形	1.5	重点关注对弯曲与扭转这种组合变形的强度校核问题，如何计算其相当应力	

第一节　拉伸（压缩）与弯曲的组合变形

如图 8-1a) 所示,当杆件同时承受垂直于轴线的横向力和沿着轴线方向的纵向力时,杆件的横截面上将同时产生轴力、弯矩和剪力。忽略剪力的影响,轴力和弯矩都将在横截面上产生正应力。

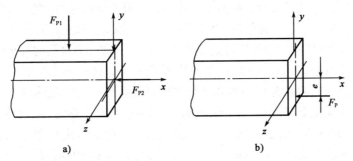

图 8-1　杆件横截面上同时产生轴力和弯矩的受力形式

此外,如果作用在杆件上的纵向力与杆件的轴线不一致,这种情形称为偏心加载。图 8-1b) 所示即为偏心加载的一种情形。这时,如果将纵向力向横截面的形心简化,同样,将在杆件的横截面上产生轴力和弯矩。

图 8-2 所示为拉伸与弯曲的组合变形,在梁的横截面上同时产生轴力和弯矩的情形下,根据轴力图和弯矩图,可以确定杆件的危险截面以及危险截面上的轴力 F_N 和弯矩 M_{max}。

轴力 F_N 引起的正应力沿整个横截面均匀分布,轴力为正时,产生拉应力;轴力为负时产生压应力,如图 8-3a) 所示,公式为

$$\sigma' = \pm \frac{F_N}{A} \tag{8-1}$$

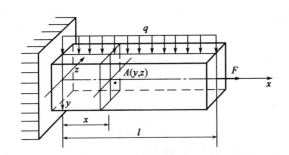

图 8-2　拉伸与弯曲的组合变形

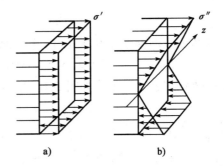

图 8-3　拉伸与弯曲组合变形的应力分布

弯矩 M_{max} 引起的正应力沿横截面高度方向线性分布,如图 8-3b) 所示,公式为

$$\sigma'' = \frac{M_z y}{I_z} \tag{8-2}$$

应用叠加法,将二者分别引起的同一点的正应力相加,所得到的应力就是二者在同一点引起的总应力。

由于轴力 F_N 和弯矩 M_{max} 的方向有不同形式的组合,因此,横截面上的最大拉伸和压缩正应力的计算公式也不完全相同。对于图 8-3 中的情形,有

$$\sigma_{t,max} = \frac{F_N}{A} + \frac{M}{W} \tag{8-3}$$

$$\sigma_{c,min} = \frac{F_N}{A} - \frac{M}{W} \tag{8-4}$$

最大正应力点的强度条件与弯曲时相同,即

$$\sigma_{max} \leqslant [\sigma]$$

在偏心荷载作用下,随着荷载作用点位置改变,中性轴可以穿过截面,将截面分为受拉区或受压区;也可以在截面以外,而使截面上的正应力具有相同的符号,偏心拉伸时同为拉应力,偏心压缩时同为压应力。后一种情形,对于某些工程(例如土木建筑工程)有着重要意义。因为混凝土构件、砖石结构的抗拉强度远远低于抗压强度,所以,当这些构件承受偏心压缩时,总是希望在构件的截面上只出现压应力,而不出现拉应力。这就要求中性轴必须在截面以外(不能相交,可以相切),也就是偏心荷载必须加在离截面形心足够近的地方。显然,满足这一要求的不是一个点或几个点,而是某个区域范围,这一区域范围称为"截面核心"。

【例题 8-1】 图 8-4a)所示起重架的最大起吊重量(包括行走小车等)为 $W = 40\text{kN}$,横梁 AC 由两根 18 号槽钢组成,材料为 Q235 钢,许用应力 $[\sigma] = 120\text{MPa}$。试校核横梁的强度。

【解】 梁 AC 受压弯组合作用,当荷载 W 移至 AC 中点处时梁内弯矩最大,所以 AC 中点处横截面为危险截面,危险点在梁横截面的顶边上。

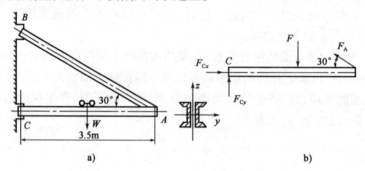

图 8-4 例题 8-1 图

根据附录型钢表可查得,对 18 号槽钢有

$$A = 29.30\text{cm}^2, I_y = 1370\text{cm}^4, W_y = 152\text{cm}^3$$

取 AC 梁为研究对象,受力如图 8-4b)所示。根据静力学平衡条件,AC 梁的约束反力为

$$F_A = W, F_{Cx} = F_A\cos30° = F\cos30°$$

危险截面上的内力分量为

$$F_N = F_{Cx} = W\cos30° = (40 \times \cos30°)\text{kN} = 34.6\text{kN}$$

$$M = F_{Cx} \times \frac{3.5}{2} = F_A(\sin30°) \times \frac{3.5}{2}$$

$$= \left[W(\sin30°) \times \frac{3.5}{2}\right]\text{kN} \cdot \text{m} = 35\text{kN} \cdot \text{m}$$

危险点的最大应力

$$\sigma_{max} = \frac{F_N}{A} + \frac{M_{max}}{W_y} = \left(-\frac{34.6 \times 10^3\text{N}}{2 \times 29.3 \times 10^{-4}\text{m}^2} - \frac{35 \times 10^3\text{N}}{2 \times 152 \times 10^{-6}\text{m}^2}\right)\text{Pa}$$

= − 121MPa(压)

最大应力恰好等于许用应力,故可以安全工作。

[**例题 8-2**] 图 8-5a)所示为钻床结构及其受力简图。钻床立柱为空心铸铁管,管的外径为 $D = 140$mm,内、外径之比 $d/D = 0.75$。铸铁的拉伸许用应力$[\sigma_t] = 35$MPa,压缩许用压应力$[\sigma_c] = 90$MPa。钻孔时钻头和工作台面的受力如图 8-5b)所示,其中 $F_P = 15$kN,力 F_P 作用线与立柱轴线之间的距离(偏心距)$e = 400$mm。试校核立柱的强度是否安全。

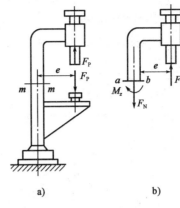

a)   b)

图 8-5 例题 8-2 图

【**解**】 用假想截面 $m - m$ 将立柱截开,以 $m - m$ 截面的上半部分为研究对象,如图 8-5b)所示。由平衡条件得截面上的轴力和弯矩分别为

$$F_N = F_P = 15\text{kN}$$

$$M_z = F_P \times e = 15\text{kN} \times 400\text{mm} \times 10^{-3} = 6\text{kN} \cdot \text{m}$$

立柱在偏心力 F_P 作用下产生拉伸与弯曲组合变形。因为,立柱内所有横截面上的轴力和弯矩都是相同的,所以,所有横截面的危险程度是相同的。根据图 8-5b)所示横截面上轴力 F_N 和弯矩 M_z 的实际方向可知,横截面上左、右两侧上的 b 点和 a 点分别产生最大拉应力和最大压应力,其值分别为

$$\sigma_{t,max} = \frac{M_z}{W} + \frac{F_N}{A} = \frac{F_P \times e}{\dfrac{\pi D^3 (1 - \alpha^4)}{32}} + \frac{F_P}{\dfrac{\pi (D^2 - d^2)}{4}}$$

$$= \frac{32 \times 6 \times 10^3 \text{N} \cdot \text{m}}{\pi \times (140 \times 10^{-3}\text{m})^3 (1 - 0.75^4)} +$$

$$\frac{4 \times 15 \times 10^3 \text{N}}{\pi [(140 \times 10^{-3}\text{m})^2 - (0.75 \times 140 \times 10^{-3}\text{m})^2]}$$

$$= 34.92 \times 10^6 \text{Pa} = 34.92\text{MPa} < [\sigma_t] = 35\text{MPa}$$

$$\sigma_{c,max} = -\frac{M_z}{W} + \frac{F_N}{A}$$

$$= -\frac{32 \times 6 \times 10^3 \text{N} \cdot \text{m}}{\pi \times (140 \times 10^{-3}\text{m})^3 (1 - 0.75^4)} +$$

$$\frac{4 \times 15 \times 10^3 \text{N}}{\pi [(140 \times 10^{-3}\text{m})^2 - (0.75 \times 140 \times 10^{-3}\text{m})^2]}$$

$$= -30.38 \times 10^6 \text{Pa} = -30.38\text{MPa}$$

二者的数值都小于各自的许用应力值。这表明立柱的拉伸和压缩的强度都是安全的。

【**例题 8-3**】 图 8-6 所示悬臂梁中,集中力 F_{P1} 和 F_{P2} 分别作用在铅垂对称面和水平对称面内,并且垂直于梁的轴线。已知 $F_{P1} = 1.6$kN,$F_{P2} = 800$N,$l = 1$m,许用应力$[\sigma] = 160$MPa。试确定以下两种情形下梁的横截面尺寸:

(1)截面为矩形,$h = 2b$;

(2)截面为圆形。

【解】 在 F_{P1} 和 F_{P2} 的作用下,悬臂梁会产生 xz 平面和 xy 平面内的弯曲变形,危险截面位于固定端弯矩最大处。

(1)当横截面为矩形时,危险截面处的弯矩分别为

$$M_y = F_{P1}l = 1600\text{N} \times 1\text{m} = 1600\text{N} \cdot \text{m}$$

$$M_z = F_{P2} \times 2l = 800\text{N} \times 2\text{m} = 1600\text{N} \cdot \text{m}$$

最大正应力为

$$\sigma_{max} = \frac{M_y}{W_y} + \frac{M_z}{W_z} \leq [\sigma]$$

根据正应力的强度条件有

$$\frac{M_y}{\frac{bh^2}{6}} + \frac{M_z}{\frac{hb^2}{6}} \leq [\sigma]$$

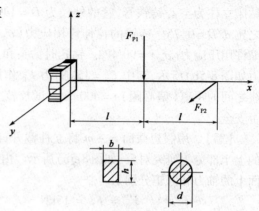

图 8-6 例题 8-3 图

$$\frac{6 \times 1600}{4b^3} + \frac{6 \times 1600}{2b^3} \leq 160 \times 10^6$$

所以矩形截面的尺寸为

$$b \geq \sqrt[3]{\frac{3 \times 2.4 \times 10^3}{160 \times 10^6}} = 0.0356\text{m} = 35.6\text{mm}$$

$$h = 2b = 71.2\text{mm}$$

(2)同理,当截面为圆形时,危险截面处的弯矩分别为

$$M_y = F_{P1} \times l = 1600\text{N} \times 1\text{m} = 1600\text{N} \cdot \text{m}$$

$$M_z = F_{P2} \times 2l = 800\text{N} \times 2\text{m} = 1600\text{N} \cdot \text{m}$$

合弯矩为

$$M = \sqrt{M_y^2 + M_z^2} = \sqrt{1600^2 + 1600^2} = 2262.7\text{N} \cdot \text{m}$$

根据正应力的强度条件有

$$\sigma_{max} = \frac{M_{max}}{W} \leq [\sigma]$$

$$\frac{32 \times 2262.7\text{N} \cdot \text{m}}{\pi d^3} \leq 160 \times 10^6\text{Pa}$$

所以矩形截面的尺寸为

$$d \geq \sqrt[3]{\frac{32 \times 2262.7\text{N} \cdot \text{m}}{\pi \times 160 \times 10^6\text{Pa}}} = 0.0524\text{m} = 52.4\text{mm}$$

第二节　弯曲与扭转的组合变形

弯曲与扭转的组合是机械工程中常见的一种组合变形。如图 8-7a) 所示,为齿轮传动轴,工作时在齿轮的齿上均有外力作用。将作用在齿轮上的力向轴的截面形心简化便得到与之等效的力和力偶,这表明轴将承受横向荷载和扭转荷载,如图 8-7b) 所示。为简单起见,可以用轴线受力图代替图 8-7b) 中的受力图,如图 8-7c) 所示。

为对承受弯曲与扭转共同作用下的圆轴进行强度设计,一般需画出弯矩图和扭矩图(剪力一般忽略不计),并据此确定传动轴上可能的危险面。因为是圆截面,所以当危险面上有两个弯矩 M_y 和 M_z 同时作用时,应按矢量求和的方法,确定危险面上总弯矩 M 的大小与方向。

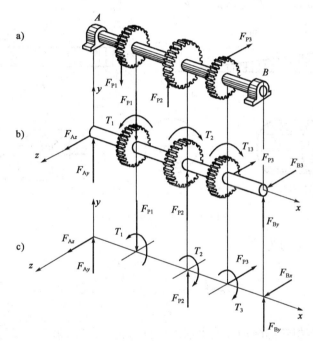

图 8-7　传动轴及其计算简图

现以图 8-8a) 所示的钢制直角曲拐中的圆杆 AB 为例,分析杆在弯曲和扭转组合变形下应力和强度计算的方法。首先将作用在 C 点的 F 力向 AB 杆右端截面的形心 B 简化,得到一横向力 F 及力偶矩 $M = Fa$,如图 8-8b) 所示。力 F 使 AB 杆弯曲,力偶矩 M 使 AB 杆扭转,故 AB 杆同时产生弯曲和扭转两种变形。

AB 杆的弯矩图和扭矩图如图 8-8c)、d) 所示。由内力图可见,固定端截面是危险截面。其弯矩和扭矩值分别为

$$M_z = Fl$$
$$T = Fa$$

在该截面上,弯曲正应力和扭转切应力的分布分别如图 8-8e)、f) 所示。从应力分布图可见,横截面的上、下两点 C_1 和 C_2 是危险点。因两点危险程度相同,故只需对其中任一点作强

度计算。在 C_1 点处取出一单元体,其各面上的应力如图 8-8g)所示。由于该单元体处于一般二向应力状态,所以需用强度理论来建立强度条件。该点处的弯曲正应力和扭转切应力分别为

$$\sigma = \frac{M_z}{W_z}, \tau = \frac{T}{W_P}$$

其中,$W = \dfrac{\pi d^3}{32}$,$W_P = \dfrac{\pi d^3}{16}$,$d$ 为圆轴的直径。

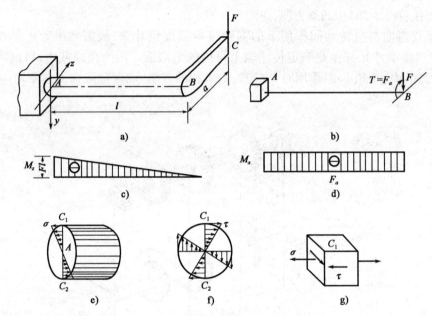

图 8-8 弯曲与扭转的组合变形

因此该点处的主应力为

$$\left.\begin{matrix} \sigma_1 \\ \sigma_3 \end{matrix}\right\} = \frac{\sigma}{2} \pm \sqrt{\left(\frac{\sigma}{2}\right)^2 + \tau^2}$$

$$\sigma_2 = 0$$

因为承受弯曲与扭转的圆轴一般由韧性材料制成,故可用第三强度理论或第四强度理论作为强度设计的依据,相当应力分别为

$$\sigma_{r3} = \sigma_1 - \sigma_3$$

$$\sigma_{r4} = \sqrt{\frac{1}{2}\left[(\sigma_1 - \sigma_2)^2 + (\sigma_2 - \sigma_3)^2 + (\sigma_3 - \sigma_1)^2\right]}$$

于是,相应的强度条件为

$$\sqrt{\sigma^2 + 4\tau^2} \leqslant [\sigma]$$

$$\sqrt{\sigma^2 + 3\tau^2} \leqslant [\sigma]$$

将 σ 和 τ 的表达式代入上式,并考虑到 $W_P = 2W_z$,可得符合第三强度理论的强度条件为

$$\frac{\sqrt{M^2 + T^2}}{W} \leqslant [\sigma] \tag{8-5}$$

符合第四强度理论的强度条件为

$$\frac{\sqrt{M^2 + 0.75T^2}}{W} \leq [\sigma] \qquad (8-6)$$

对于圆截面,将 $W = \pi d^3/32$ 代入式(8-5)、式(8-6),便得到承受弯曲与扭转的圆轴直径的设计公式

$$d \geq \sqrt[3]{\frac{32M_{r3}}{\pi[\sigma]}} \qquad (8-7)$$

$$d \geq \sqrt[3]{\frac{32M_{r4}}{\pi[\sigma]}} \qquad (8-8)$$

【例题8-4】 一钢制圆轴,直径 $d = 8\text{cm}$,其上装有直径 $D = 1\text{m}$、重为 5kN 的两个皮带轮,如图8-9a)所示。已知 A 处轮上的皮带拉力为水平方向,C 处轮上的皮带拉力为竖直方向。设钢的 $[\sigma] = 160\text{MPa}$,试按第三强度理论校核轴的强度。

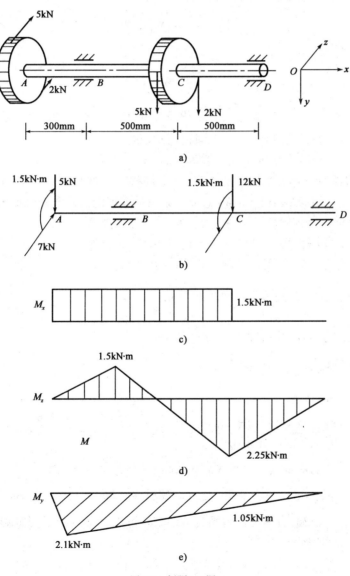

图 8-9 例题 8-5 图

【解】 将轮上的皮带拉力向轮心简化后,得到作用在圆轴上的集中力和力偶;此外,圆轴还受到轮重作用。简化后的外力如图8-9b)所示。

在力偶作用下,圆轴的 AC 段内产生扭转,扭矩图如图8-9c)所示。在横向力作用下,圆轴在 xy 和 xz 平面内分别产生弯曲,两个平面内的弯矩图如图8-9d)、e)所示。因为轴的横截面是圆形,所以应将两个平面内的弯矩合成而得到横截面上的合成弯矩。由弯矩图可见,可能危险的截面是 B 截面和 C 截面。现分别求出这两个截面的合成弯矩为

$$M_B = \sqrt{M_{By} + M_{Bz}} = \sqrt{(2.1\mathrm{kN} \cdot \mathrm{m})^2 + (1.5\mathrm{kN} \cdot \mathrm{m})^2} = 2.58\mathrm{kN} \cdot \mathrm{m}$$

$$M_C = \sqrt{M_{Cy} + M_{Cz}} = \sqrt{(1.05\mathrm{kN} \cdot \mathrm{m})^2 + (2.25\mathrm{kN} \cdot \mathrm{m})^2} = 2.48\mathrm{kN} \cdot \mathrm{m}$$

因为 $M_B > M_C$,且 B、C 截面的扭矩相同,故 B 截面为危险截面。将 B 截面上的弯矩和扭矩值代入式(8-5),得到第三强度理论的相当应力为

$$\sigma_{r3} = \frac{1}{W_z}\sqrt{M_B^2 + T^2}$$

$$= \frac{1}{\frac{\pi}{32}(8 \times 10^{-6}\mathrm{m})^2}\sqrt{(2.58\mathrm{kN} \cdot \mathrm{m})^2 + (1.5\mathrm{kN} \cdot \mathrm{m})^2}$$

$$= 59.3 \times 10^6 \mathrm{Pa} = 59.3\mathrm{MPa}$$

这一数值远小于钢的容许应力,所以圆轴是安全的。

【例题8-5】 图8-10所示电动机的功率 $P = 9\mathrm{kW}$,转速 $n = 715\mathrm{r/min}$,皮带轮的直径 $D = 250\mathrm{mm}$,皮带松边拉力为 F_P,紧边拉力为 $2F_P$。电动机轴外伸部分长度 $l = 120\mathrm{mm}$,轴的直径 $d = 40\mathrm{mm}$。若已知许用应力 $[\sigma] = 60\mathrm{MPa}$,试用第三强度理论校核电动机轴的强度。

【解】 电动机通过带轮输出功率,因而承受由皮带拉力引起的扭转和弯曲共同作用。根据轴传递的功率、轴的转速与外加力偶矩之间的关系,作用在带轮上的外加力偶矩为

$$M_e = 9549 \times \frac{P}{n} = 9549 \times \frac{9\mathrm{kW}}{715\mathrm{r/min}} = 120.2\mathrm{N} \cdot \mathrm{m}$$

根据作用在皮带上的拉力与外加力偶矩之间的关系,有

$$2F_P \times \frac{D}{2} - F_P \times \frac{D}{2} = M_e$$

于是,作用在皮带上的拉力

$$F_P = \frac{2M_e}{D} = \frac{2 \times 120.2\mathrm{N} \cdot \mathrm{m}}{250\mathrm{mm} \times 10^{-3}} = 961.6\mathrm{N}$$

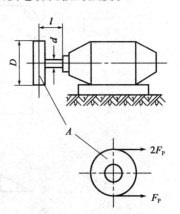

图8-10 例题8-7图

将作用在带轮上的皮带拉力向轴线简化,得到一个力和一个力偶

$$F_R = 3F_P = 3 \times 961.6\mathrm{N} = 2884.8\mathrm{N}, M_e = 120.2\mathrm{N} \cdot \mathrm{m}$$

轴的左端可以看作自由端,右端可视为固定端约束。可以直接判断出固定端处的横截面为危险面,弯矩和扭矩分别为

$$M_{max} = F_R \times l = 3F_P \times l = 3 \times 961.6\mathrm{N} \times 120 \times 10^{-3}\mathrm{m} = 346.2\mathrm{N} \cdot \mathrm{m}$$

$$T = M_e = 120.2\mathrm{N} \cdot \mathrm{m}$$

根据第三强度理论,有

$$\frac{\sqrt{M^2 + T^2}}{W} = \frac{\sqrt{(346.2\text{N}\cdot\text{m})^2 + (120.2\text{N}\cdot\text{m})^2}}{\dfrac{\pi(40\times10^{-3}\text{m})^3}{32}}$$

$$= 58.32\times10^6\text{Pa}$$

$$= 58.32\text{MPa} \leqslant [\sigma]$$

因此,电动机轴的强度是安全的。

本 章 小 结

1.本章处理组合变形构件的强度问题。根据叠加原理,可以将组合变形按基本变形的加载条件或相应内力分量分解为几种基本变形;分别计算各种基本变形时的应力,将其叠加即为组合变形的应力。

2.拉伸(或压缩)与弯曲的组合变形。此时的弯曲可以是一个平面内的平面弯曲,也可以是两个平面内的平面弯曲组合成斜弯曲,与拉伸(或压缩)组合以后危险点的应力状态仍为单向应力状态,因此只是在写危险点 $\sigma_{\max}$ 时,需要再叠加上拉伸(或压缩)应力。此类问题的特点是中性轴不再通过截面形心。对像混凝土这类抗拉强度大大低于抗压强度的脆性材料制成的偏心压缩构件(如短柱),强度设计时往往考虑截面核心问题。

3.弯曲与扭转的组合变形。对于圆轴,最后的强度条件可以按危险面上的内力分量写出,如对钢材,按第三强度理论

$$\frac{\sqrt{M^2 + T^2}}{W} \leqslant [\sigma]$$

按第四强度理论

$$\frac{\sqrt{M^2 + 0.75T^2}}{W} \leqslant [\sigma]$$

思 考 题

8-1 拉(压)与弯曲组合变形时,在什么情况下可按叠加原理计算横截面上的最大正应力?

8-2 偏心拉伸(压缩)与拉伸(压缩)与弯曲组合变形有何区别和联系?

8-3 等截面梁在斜弯曲时的挠曲线是一条平面曲线,还是一条空间曲线?各截面中性轴位置是否相同?而双向弯曲时挠曲线与各截面中性轴位置又是如何变化?

习 题

8-1 图8-11所示悬臂梁在两个不同截面上分别受有水平力 $F1$ 和竖直力 $F2$ 的作用。若 $F1=800\text{N}$,$F2=1600\text{N}$,$l=1\text{m}$,试求以下两种情况下,梁内最大正应力并指出其作用位置:

(1)宽 $b=90\text{mm}$,高 $h=180\text{mm}$,截面为矩形,如图8-11a)所示;

（2）直径 $d = 130$mm 的圆截面,如图 8-11b）所示。

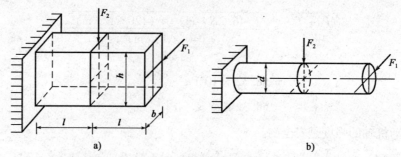

图 8-11　习题 8-1 图

8-2　图 8-12 所示悬臂梁长度中间截面前侧边的上、下两点分别设为 A、B。现在该两点沿轴线方向贴电阻片,当梁在 F、M 共同作用时,测得两点的应变值分别为 ε_A、ε_B。设截面为正方形,边长为 a,材料的 E、v 为已知,试求 F 和 M 的大小。

8-3　短柱承载如图 8-3 所示,现测得 A 点的纵向正应变 $\varepsilon_A = 500 \times 10^{-6}$,试求 F 力的大小。设 $E = 1.0 \times 10^4$MPa。

8-4　一楼梯的扶手梁 AB,长度 $l = 4$m,截面为 $h \times b = 0.2 \times 0.1$m^2 的矩形,$q = 2$kN/m。试作此梁的轴力图和弯矩图,并求梁横截面上的最大拉应力和最大压应力。

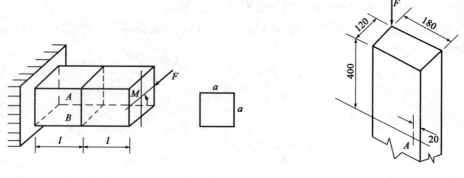

图 8-12　习题 8-2 图

图 8-13　习题 8-3 图(尺寸单位:mm)

8-5　手摇绞车如图 8-15 所示,轴的直径 $d = 30$mm,材料为 Q235 钢,$[\sigma] = 80$MPa。试按第三强度理论,求绞车的最大起吊重量 P。

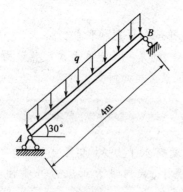

图 8-14　习题 8-4 图

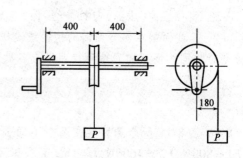

图 8-15　习题 8-5 图(尺寸单位:mm)

8-6 某型水轮机主轴的受力图如图 8-16 所示,水轮机组的输出功率为 $P = 37500\text{kW}$,转速 $n = 150\text{r/min}$。已知轴向推力 $F_z = 4800\text{kN}$,转轮重 $W_1 = 390\text{kN}$;主轴的内径 $d = 340\text{mm}$,外径 $D = 750\text{mm}$,自重 $W = 285\text{kN}$。主轴材料为 45 号钢,其许用应力 $[\sigma] = 80\text{MPa}$。试按第四强度理论校核主轴的强度。

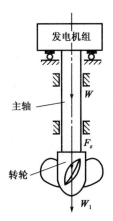

图 8-16 习题 8-6 图

8-7 圆轴受力如图 8-17 所示。直径 $d = 100\text{mm}$,许用应力 $[\sigma] = 170\text{MPa}$。试:
(1)绘出 A、B、C、D 四点处单元体上的应力;
(2)用第三强度理论对危险点进行强度校核。

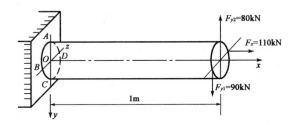

图 8-17 习题 8-7 图

第九章 DIJIUZHANG
压杆的稳定问题

本章导读

稳定性是对构件进行设计时需要满足的三个要求之一,压杆稳定是所有稳定问题中最基本、最简单的问题。本章主要介绍压杆稳定性的概念,临界力和临界应力的计算,压杆稳定条件的建立、稳定计算及提高压杆稳定性的措施。

学习目标

1. 掌握有关弹性压杆稳定的基本概念;
2. 正确理解弹性压杆临界力公式推导过程,正确计算临界力;
3. 正确计算压杆的长细比,区别三类压杆,分别采用不同的公式进行计算;
4. 掌握基于安全因数法的稳定性安全条件,对压杆进行稳定性安全校核的基本方法。

学习重点

1. 正确计算压杆的长细比,区别三类压杆,分别采用不同的公式进行计算;
2. 掌握基于安全因数法的稳定性安全条件,对压杆进行稳定性安全校核的基本方法。

学习难点

计算压杆的长细比,区别三类压杆,分别采用不同的公式进行计算。

本章学习计划

内　　容	建议自学时间 （学时）	学　习　建　议	学　习　记　录
第一节　压杆稳定的基本概念	0.5	重点关注如何计算典型约束情况下细长杆的临界压力	
第二节　细长压杆的临界力	1.0		
第三节　欧拉公式的适用范围	1.0	结合本节的应力总图，可以较为顺利地解决不同柔度杆的临界力	
第四节　压杆的稳定条件	1.0	注意要先判断压杆的柔度，然后利用相应的公式计算临界力，并计算出安全系数	
第五节　提高压杆稳定性的措施	0.5	结合欧拉公式理解如何提高压杆的稳定性	

第一节 压杆稳定的基本概念

轴向受压的细长杆,若不考虑自重,如果压力过大,有可能造成杆件的侧向弯曲或折断,使压杆丧失承载能力,这种失效现象不同于轴向压缩杆件的强度失效,往往在轴向压缩应力小于屈服极限或强度极限的情况下使压杆产生侧向弯曲,而且这种失效往往具有突发性,常常会产生灾难性后果。因此,工程上对于这类构件承载能力的计算不能仅限于强度方面,还要考虑杆件能否保持为直线的工作状态。

图9-1a)所示为一两端铰支的细长压杆。当轴向压力 F 小于特定值 F_{cr} 时,杆在 F 力作用下将保持其原有的直线平衡状态。如在侧向干扰力作用下使其微弯,如图9-1b)所示;当干扰力撤除后,杆在往复摆动几次后仍回复到原来的直线状态,仍处于平衡状态,如图9-1c)所示。可见,原有的直线平衡状态是稳定的。但当压力 $F = F_{cr}$ 时,如作用一侧向干扰力使压杆微弯,则在干扰力撤除后,杆不能回复到原来的直线状态,并在微弯状态下平衡,如图9-1d)所示。那么,杆原有的直线平衡状态是不稳定的。这种丧失原有平衡状态的现象称为丧失稳定性,简称失稳。

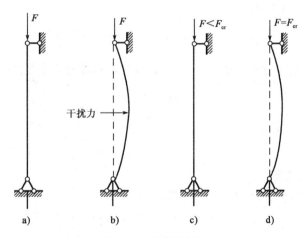

图9-1 压杆的稳定性

F_{cr} 是压杆由直线状态下的稳定平衡过渡到不稳定平衡时的压力,也是压杆保持微弯平衡状态的最小压力,称为临界力。要使压杆不发生失稳破坏,求出各类压杆的临界力 F_{cr} 是关键。

第二节 细长压杆的临界力

一、两端铰支细长压杆的临界力

求细长压杆的临界力 F_{cr} 即保持微弯平衡状态的最小压力,所以要先假设压杆保持微弯平衡状态,再求使挠曲线成立时的最小压力,即为压杆的临界力。为简化分析,在确定压杆的临界力时作如下简化:剪切变形的影响可以忽略不计;不考虑杆的轴向变形。

图9-2a)所示为两端铰支、承受轴向压缩荷载的理想直杆,设压杆处于微弯平衡状态,如

图 9-2b)所示。由分离体[图 9-2c)]的平衡条件,得到任意截面上的弯矩为

$$M(x) = F_P w(x) \tag{9-1}$$

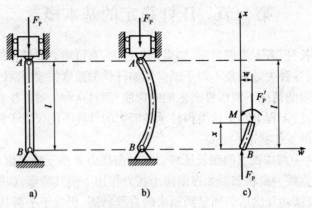

图 9-2 两端铰支的压杆

挠曲线的近似微分方程为

$$EI\frac{\mathrm{d}^2 w}{\mathrm{d}x^2} = -M(x) \tag{9-2}$$

将式(9-1)带入式(9-2)得

$$\frac{\mathrm{d}^2 w}{\mathrm{d}x^2} + k^2 w = 0 \tag{9-3}$$

这是压杆在微弯曲状态下的平衡微分方程,是确定临界力的主要依据,其中

$$k^2 = \frac{F_P}{EI} \tag{9-4}$$

微分方程(9-3)的通解是

$$w = A\sin kx + B\cos kx \tag{9-5}$$

其中,A、B 为积分常数。

对于两端铰支的压杆,利用两端的位移边界条件

$$w(0) = 0, w(l) = 0$$

由式(9-5)得到

$$\left.\begin{array}{l} 0 \cdot A + B = 0 \\ \sin kl \cdot A + \cos kl \cdot B = 0 \end{array}\right\} \tag{9-6}$$

方程组(9-6)中,A、B 不全为零的条件是

$$\begin{vmatrix} 0 & 1 \\ \sin kl & \cos kl \end{vmatrix} = 0 \tag{9-7}$$

由此解得

$$\sin kl = 0 \tag{9-8}$$

于是,有

$$kl = n\pi \quad (n = 1,2,\cdots)$$

将 $k = \dfrac{n\pi}{l}$ 代入式(9-4),即可得到压杆保持微弯曲平衡状态时的压力

$$F_{\mathrm{P}} = \frac{n^2 \pi^2 EI}{l^2} \qquad (9\text{-}9)$$

学习记录

这一表达式称为欧拉公式。

令式(9-9)中 $n=1$,即可得到两端铰支压杆的临界力为

$$F_{\mathrm{cr}} = \frac{\pi^2 EI}{l^2} \qquad (9\text{-}10)$$

式中:E——压杆材料的弹性模量;

I——压杆横截面的形心主惯性矩,如果两端在各个方向上的约束都相同,I 则为压杆横截面的最小形心主惯性矩。

二、其他杆端约束情况下细长压杆的临界力

对于两端非铰支细长压杆的临界力公式的推导过程与上述推导过程类似,所不同的只是将位移边界条件加以变换。对于两端不同约束下的细长压杆临界力的欧拉公式,可以写成如下统一的形式

$$F_{\mathrm{cr}} = \frac{\pi^2 EI}{(\mu l)^2} \qquad (9\text{-}11)$$

式中:μl——相当长度;

μ——长度因数,反映不同支承对临界力的影响,其值见表9-1(表中各压杆原长均为 l)。

几种常见细长压杆临界压力的欧拉公式与长度因数　　　　　表9-1

支承情况	两端铰支	一端铰支 另一端固定	两端固定	一端自由 另一端固定	两端固定但可沿 横向相对移动
屈曲时挠曲线形状					
欧拉公式	$F_{\mathrm{cr}} = \dfrac{\pi^2 EI}{l^2}$	$F_{\mathrm{cr}} \approx \dfrac{\pi^2 EI}{(0.7l)^2}$	$F_{\mathrm{cr}} \approx \dfrac{\pi^2 EI}{(0.5l)^2}$	$F_{\mathrm{cr}} \approx \dfrac{\pi^2 EI}{(2l)^2}$	$F_{\mathrm{cr}} \approx \dfrac{\pi^2 EI}{l^2}$
长度因数 μ	$\mu = 1$	$\mu \approx 0.7$	$\mu \approx 0.5$	$\mu \approx 2$	$\mu \approx 1$

实际工程中,压杆的约束支座还可以有其他形式,其影响可用 μ 值来反映,相关设计手册或规范中可以查到各种长度因数的值。

在推导临界力公式时,均假定杆已在 $x-y$ 面内失稳而微弯,实际上杆的失稳方向与杆端约束情况有关。如杆端约束情况在各个方向均相同,例如球铰或嵌入式固定端,压杆只可能在最小刚度平面内失稳。所谓最小刚度平面,就是形心主惯性矩 I 为最小的纵向平面。如图9-3

所示的矩形截面压杆,其 I_y 为最小,故纵向平面 xz 即为最小刚度平面,该压杆将在这个平面内失稳。所以在计算其临界力时应取 $I = I_y$。因此,在这类杆端约束情况下,(9-7)式中的 I 应取 I_{min}。

[**例题 9-1**] 在如图 9-4)所示结构中,细长压杆 AB 与 BC 铰接,其截面、材料相同。若因在 ABC 平面内失稳而破坏,并规定 $0 < \theta < \dfrac{\pi}{2}$,试确定 F 为最大值时的 θ 角。

[**解**] 取 B 点为研究对象,受力图如图 9-4b)所示。建立图示坐标系,由平衡条件

$$\sum F_y = 0, F_{NAB} = F\cos\theta$$
$$\sum F_x = 0, F_{NBC} = F\sin\theta$$

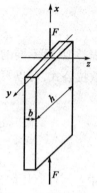

图 9-3 最小刚度平面

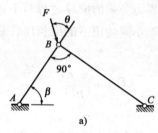
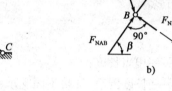

a)

b)

图 9-4 例题 9-1 图

使 F 为最大值的条件是杆 AB、BC 的内力同时达到各自的临界力值。设 AC 间的距离为 l,则 AB、BC 杆的临界力分别为

$$F_{cr,AB} = \frac{\pi^2 EI}{l_{AB}^2} = \frac{\pi^2 EI}{(l\cos\beta)^2} = F\cos\theta$$

$$F_{cr,BC} = \frac{\pi^2 EI}{l_{BC}^2} = \frac{\pi^2 EI}{(l\sin\beta)^2} = F\sin\theta$$

由以上各式解得

$$\tan\theta = \cot^2\beta$$

所以

$$\theta = \arctan(\cot^2\beta)$$

第三节 欧拉公式的适用范围

临界状态下,压杆横截面上的平均应力称为压杆的临界应力,用 σ_{cr} 表示,即

$$\sigma_{cr} = \frac{F_{cr}}{A} \tag{9-12}$$

将式(9-11)代入式(9-12),得

$$\sigma_{cr} = \frac{\pi^2 EI}{(\mu l)^2 A} \tag{9-13}$$

令

$$i = \sqrt{\frac{I}{A}} \tag{9-14}$$

i 称为压杆横截面的惯性半径,它仅与截面形状和尺寸相关的几何量,量纲为长度的一次方。记

$$\lambda = \frac{\mu l}{i} \tag{9-15}$$

λ 称为柔度或长细比,是无量纲量,它综合反映了压杆长度、约束条件、截面尺寸和截面形状对压杆临界应力的影响。将式(9-15)带入式(9-13)可得

$$\sigma_{cr} = \frac{\pi^2 E}{\lambda^2} \tag{9-16}$$

欧拉公式(9-11)和式(9-16)是利用挠曲线的近似微分方程导出的,该公式只有在 $\sigma \le \sigma_p$ 时才是正确的,所以欧拉公式的适用范围为

$$\sigma_{cr} = \frac{\pi^2 E}{\lambda^2} \le \sigma_p \ \text{或} \ \lambda \ge \sqrt{\frac{\pi^2 E}{\sigma_p}} \tag{9-17}$$

令

$$\lambda_P = \sqrt{\frac{\pi^2 E}{\sigma_P}} \tag{9-18}$$

式(9-17)可以写成

$$\lambda \ge \lambda_P \tag{9-19}$$

$\lambda \ge \lambda_P$ 的压杆称为细长压杆(或大柔度杆),它的变形为线弹性。例如 HPB235 钢,$E = 206\text{GPa}$、$\sigma_P = 200\text{MPa}$,带入公式(9-18)得

$$\lambda_P = \sqrt{\frac{\pi^2 200 \times 10^9 \text{Pa}}{200 \times 10^6 \text{Pa}}} \approx 100$$

可见 HPB235 钢制成的压杆只有当 $\lambda \ge 100$ 时,才能用公式(9-11)或式(9-16)计算临界力。

当 $\lambda < \lambda_P$ 时,压杆横截面上的应力已经超过比例极限,这类压杆为非弹性稳定问题。工程中多采用以实验为基础的经验公式计算临界压力。这里仅介绍直线公式,即

$$\sigma_{cr} = a - b\lambda \tag{9-20}$$

其中,a、b 为与材料有关的常数,常用材料的 a、b 值已列于表9-2中。

常用工程材料的 *a* 和 *b* 数值 表9-2

材料(σ_s,σ_b 的单位为 MPa)	a(MPa)	b(MPa)
HPB235 钢($\sigma_s = 235$,$\sigma_b \ge 372$)	304	1.12
优质碳素钢($\sigma_s = 306$,$\sigma_b \ge 417$)	461	2.568
硅钢($\sigma_s = 353$,$\sigma_b = 510$)	578	3.744
铬钼钢	9807	5.296
铸铁	332.2	1.454
强铝	373	2.15
木材	28.7	0.19

当横截面的应力达到极限值 σ_u 时(塑性材料 $\sigma_u = \sigma_s$,脆性材料 $\sigma_u = \sigma_b$),压杆发生强度失效破坏。所以式(9-20)中的 λ 也有一限界值,对于塑性材料有

$$\sigma_{cr} = a - b\lambda = \sigma_s,\ \text{即}\ \lambda_s = \frac{a - \sigma_s}{b}$$

只有当 $\lambda_s < \lambda < \lambda_P$ 时，才能用式(9-20)计算临界力。这类杆称为中长杆(或中柔度杆)。例如 HPB235 钢，$\sigma_s = 235\text{MPa}$，$a = 304\text{MPa}$，$b = 1.12\text{MPa}$，λ_s 为

$$\lambda_s = \frac{304 - 235}{1.12} = 61.6$$

对于 HPB235 钢制成的压杆，式(9-20)的适用范围为 $61.6 < \lambda < 100$。

当 $\lambda < \lambda_s$ 时，压杆为短杆(或小柔度杆)，相应的失效为强度破坏，故其临界应力即为材料的屈服应力，亦即

$$\sigma_{cr} = \sigma_s \tag{9-21}$$

三类压杆的临界应力 σ_{cr} 与柔度 λ 的关系，称为临界应力总图，如图9-5所示。

【例题9-2】 千斤顶如图9-6a)所示，丝杠长度 $l = 375\text{mm}$，内径 $d = 40\text{mm}$，材料为 HPB235 钢。试确定该丝杠的临界力。

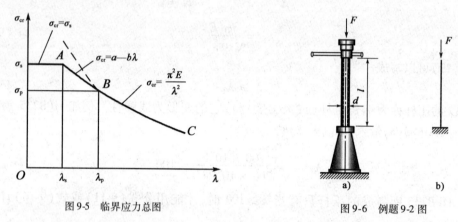

图9-5 临界应力总图 　　图9-6 例题9-2图

【解】 丝杠可简化为下端固定上端自由的压杆[图9-6b)]，故长度系数 $\mu = 2$。由式(9-14)计算丝杠的惯性半径为

$$i = \sqrt{\frac{I}{A}} = \sqrt{\frac{\frac{\pi d^4}{32}}{\frac{\pi d^2}{4}}} = \frac{d}{4}$$

由式(9-15)得柔度为

$$\lambda = \frac{\mu l}{i} = \frac{2 \times 375}{\frac{40}{4}} = 75$$

对于 HPB235 钢，$\lambda_p = 100$，$\lambda_s = 61.6$，而 $\lambda_s < \lambda < \lambda_p$，可知丝杠是中柔度压杆，采用直线经验公式计算其临界力。由表9-2查得 $a = 304\text{MPa}$，$b = 1.12\text{MPa}$，故丝杠的临界力为

$$F_{cr} = \sigma_{cr}A = (a - b\lambda)\frac{\pi}{4}d^2$$

$$= (304 \times 10^6 - 1.12 \times 10^6 \times 75) \times \frac{\pi}{4} \times 40^2 \times 10^{-6}$$

$$= 277\text{kN}$$

【例题9-3】 图9-7中所示压杆的直径均为 d，材料均为 HPB235 钢，但长度和约束条件各

不相同。已知 $d = 160\text{mm}$，$E = 206\text{GPa}$。分别求图 9-7 中所示压杆的临界力。

【解】 因为 $\lambda = \mu l / i$，其中 $i = \sqrt{I/A}$，二者均为圆截面且直径相同，故有

$$i = \sqrt{\frac{\pi d^4 / 64}{\pi d^2 / 4}} = \frac{d}{4}$$

对于两端铰支的压杆［图 9-7a)］，$\mu = 1$，$l = 5000\text{mm}$

$$\lambda_a = \frac{\mu l}{i} = \frac{1 \times 5000}{\dfrac{d}{4}} = \frac{2 \times 10^4}{160} = 125 > \lambda_p = 100$$

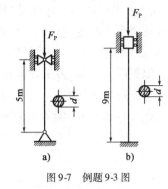

图 9-7 例题 9-3 图

对于两端固定的压杆［图 9-7b)］，$\mu = 0.5$，$l = 9\text{m} = 9000\text{mm}$

$$\lambda_b = \frac{\mu l}{i} = \frac{0.5 \times 9000}{\dfrac{d}{4}} = \frac{1.8 \times 10^4}{160} = 112.5 > \lambda_p = 100$$

两压杆均为大柔度杆，可以用欧拉公式计算临界力。

对于两端铰支的压杆临界力为

$$F_{cr} = \sigma_{cr} A = \frac{\pi^2 E}{\lambda^2} \times \frac{\pi d^2}{4} = \frac{\pi^2 \times 206 \times 10^9 \text{Pa}}{125^2} \times \frac{\pi \times (160 \times 10^{-3}\text{m})^2}{4}$$

$$= 2.6 \times 10^6 \text{N} = 2.60 \times 10^3 \text{kN}$$

对于两端固定的压杆临界力为

$$F_{cr} = \sigma_{cr} A = \frac{\pi^2 E}{\lambda^2} \times \frac{\pi d^2}{4} = \frac{\pi^2 \times 206 \times 10^9 \text{Pa}}{112.5^2} \times \frac{\pi \times (160 \times 10^{-3}\text{m})^2}{4}$$

$$= 3.21 \times 10^6 \text{N} = 3.21 \times 10^3 \text{kN}$$

【例题 9-4】 HPB235 钢制成的矩形截面杆，两端约束以及所承受的压缩力如图 9-8 所示［图 a)为正视图，图 b)为俯视图］，在 A、B 两处为销钉连接。若已知 $l = 2300\text{mm}$，$b = 40\text{mm}$，$h = 60\text{mm}$，材料的弹性模量 $E = 206\text{GPa}$。试求此杆的临界力。

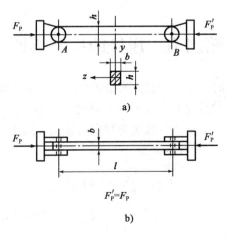

图 9-8 例题 9-4 图

【解】 给定的压杆在 A、B 两处为销钉连接,这种约束与球铰约束不同。在正视图平面内失稳,A、B 两处可以自由转动,相当于铰链;而在俯视图平面内失稳时,A、B 两处不能转动,这时可近似视为固定端约束。又因为是矩形截面,压杆在正视图平面内屈曲时,截面将绕 z 轴转动;而在俯视图平面内失稳时,截面将绕 y 轴转动。

根据以上分析,为了计算临界力,应首先计算压杆在两个平面内的长细比,以确定它将在哪一平面内发生屈曲。

在正视图平面[图9-8a)]内:

$$I_z = \frac{bh^3}{12}, A = bh, \mu = 1.0$$

$$i_z = \sqrt{\frac{I_z}{A}} = \frac{h}{2\sqrt{3}}$$

$$\lambda_z = \frac{\mu l}{i_z} = \frac{\mu l}{\frac{h}{2\sqrt{3}}} = \frac{1 \times 2300 \times 10^{-3}\text{m} \times 2\sqrt{3}}{60 \times 10^{-3}\text{m}} = 132.9 > \lambda_p = 100$$

在俯视图平面[图9-8b)]内:

$$I_y = \frac{hb^3}{12}, A = bh, \mu = 0.5$$

$$i_y = \sqrt{\frac{I_y}{A}} = \frac{b}{2\sqrt{3}}$$

$$\lambda_y = \frac{\mu l}{i_y} = \frac{\mu l}{\frac{b}{2\sqrt{3}}} = \frac{1 \times 2300 \times 10^{-3}\text{m} \times 2\sqrt{3}}{40 \times 10^{-3}\text{m}} = 120$$

比较上述结果,可以看出,$\lambda_z > \lambda_y$。所以,压杆将在正视图平面内失稳。又因为在这一平面内,压杆的长细比 $\lambda_z > \lambda_p = 100$,属于细长杆,可以用欧拉公式计算压杆的临界力

$$F_{\text{Pcr}} = \sigma_{\text{cr}} A = \frac{\pi^2 E}{\lambda_z^2} \times bh = \frac{\pi^2 \times 205 \times 10^9 \text{Pa} \times 40 \times 10^{-3} \times 60 \times 10^{-3}}{132.9^2}$$

$$= 276.3 \times 10^3 \text{N} = 276.3 \text{kN}$$

第四节　压杆的稳定条件

为了保证压杆具有足够的稳定性,设计中,必须使杆件所承受的实际压缩荷载(又称为工作荷载)小于杆件的临界力,并且具有一定的安全裕度。

压杆的稳定性设计一般采用安全系数法与稳定系数法。这里只介绍安全系数法。采用安全系数法时,稳定性安全条件一般可表示为

$$F \leqslant \frac{F_{\text{cr}}}{[n_{\text{st}}]} = [F_{\text{cr}}] \tag{9-22}$$

式中:F——压杆的工作压力;

F_{cr}——临界力;

$[n_{\text{st}}]$——稳定安全系数,其数值可查有关设计手册。

式(9-22)也可表示为

$$n_w = \frac{F_{Pcr}}{F} = \frac{\sigma_{cr}A}{F} \geqslant [n_{st}] \tag{9-23}$$

式中：n_w——工作安全系数；

$\quad\quad A$——压杆的横截面面积。

【**例题 9-5**】 图 9-9 所示压杆，两端为球铰约束，杆长 $l = 2.4\text{m}$，压杆由两根 125mm × 125mm × 12mm 的等边角钢铆接而成，铆钉孔直径为 23mm。若所受压力 $F = 800\text{kN}$，材料为 HPB235 钢，其容许应力 $[\sigma] = 160\text{MPa}$，稳定安全因数 $[n_{st}] = 1.65$。试校核此压杆的稳定性。

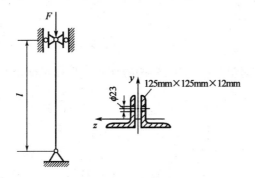

图 9-9 例题 9-5 图

【**解**】 因为两端为球铰，各个方向约束相同，$\mu = 1$，又因为两根角钢铆接在一起，所以在失稳时，二者将形成一整体而弯曲，并绕惯性矩最小的主轴（y 轴）转动。根据已知条件

$$I_y = 2I_{y1}, A = 2A_1$$

$$i = \sqrt{\frac{I_y}{A}} = \sqrt{\frac{2I_{y1}}{2A_1}} = \sqrt{\frac{I_{y1}}{A_1}} = i_1$$

其中 I_{y1}、i_1 和 A_1 分别为每根角钢对 y_1 轴的惯性矩、惯性半径和横截面面积，均可由型钢表中查得。现由型钢表中查得 $125 \times 125 \times 12$ 的等边角钢之

$$i_1 = 3.83\text{cm} = 3.83 \times 10^{-2}\text{m}$$

压杆的长细比

$$\lambda = \frac{\mu l}{i_1} = \frac{1 \times 2.4}{3.83 \times 10^{-2}} = 62.7 > \lambda_s = 61.6$$

据此，应按中长杆的临界应力表达式计算压杆的临界力，并对其稳定性进行校核

$$\sigma_{cr} = a - b\lambda$$

对于 HPB235 钢，$a = 304\text{MPa}$，$b = 1.12\text{MPa}$。于是，临界力

$$F_{cr} = \sigma_{cr}A = (a - b\lambda)A = (a - b\lambda)(2A_1)$$

由型钢表，查得 $125 \times 125 \times 12$ 的等边角钢之

$$2A_1 = 2 \times 28.9 \times 10^{-4} = 57.8 \times 10^{-4}\text{m}^2$$

代入上式后得到临界力

$$F_{cr} = (304 - 1.12 \times 62.7) \times 10^6\text{Pa}(57.8 \times 10^{-4})\text{m}^2$$
$$= 1.35 \times 10^6\text{N} = 1350\text{kN}$$

压杆的工作安全因数为

$$n_w = \frac{F_{cr}}{F_w} = \frac{1350}{800} = 1.68 > [n_{st}] = 1.65$$

所以,压杆的稳定性是安全的。

【例题9-6】 某厂自制的简易起重机如图9-10所示,其压杆 BD 为 20 号槽钢,材料为 HPB235 钢。材料的 $E = 206\text{GPa}$,$\sigma_p = 200\text{MPa}$,$a = 304\text{MPa}$,$b = 1.12\text{MPa}$,$\sigma_s = 235\text{MPa}$。起重机的最大起重量是 $w = 40\text{kN}$。若规定的稳定安全因数为 $n_{st} = 5$,试校核 BD 杆的稳定性。

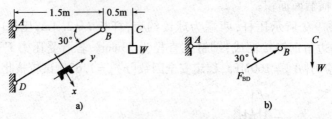

图9-10 例题9-6图

【解】 取 ABC 为研究对象,受力如图9-10b)所示。根据平衡条件有

$$\sum M_A = 0, F_{NBD} = \frac{2W}{1.5\sin30°} = \frac{2 \times 40 \times 10^3}{1.5 \times 0.5}\text{N} = 107\text{kN}$$

根据型钢表可查得

$$A = 32.837\text{cm}^2, I_y = 144\text{cm}^4, i_y = 2.09\text{cm}$$
$$I_x = 1910\text{cm}^4, i_x = 7.64\text{cm}$$

对 HPB235 钢

$$\lambda_p = \sqrt{\frac{\pi^2 200 \times 10^9\text{Pa}}{200 \times 10^6\text{Pa}}} \approx 100, \lambda_s = \frac{304 - 235}{1.12} = 61.6$$

压杆 BD 的柔度(绕 y 轴弯曲失稳)

$$\lambda_y = \frac{\mu l}{i_y} = \frac{1 \times 1.5\text{m}/\cos30°}{0.0209\text{m}} = 82.9 < \lambda_p$$

所以应用经验公式计算临界力,即

$$F_{cr} = A\sigma_{cr} = A(a - b\lambda_y)$$
$$= 32.84 \times 10^{-4}\text{m}^2 \times (304 - 1.12 \times 82.9) \times 10^6\text{Pa}$$
$$= 693\text{kN}$$

压杆的工作安全因数

$$n = 693/107 = 6.48 > n_{st} = 5$$

BD 压杆的工作安全因数大于规定的稳定安全因数,故可以安全工作。

【例题9-7】 图9-11所示正方形桁架结构,由五根圆截面钢杆组成,连接处均为铰链,各杆直径均为 $d = 40\text{mm}$,$a = 1\text{m}$。材料均为 HPB235 钢,$E = 206\text{GPa}$,容许应力 $[\sigma] = 160\text{MPa}$,$[n_{st}] = 1.8$。

(1)求:结构的许可荷载;

(2)若 F_P 力的方向与(1)中相反,许可荷载是否改变,若有改变应为多少?

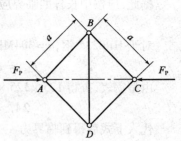

图9-11 例题9-7图

【解】

(1)确定结构的许可荷载

根据平衡条件,可得各杆承受的压力(或拉力)为:

$$F_{AB} = F_{AD} = F_{BC} = F_{CD} = \frac{\sqrt{2}}{2}F_P \text{ (压)}$$

$$F_{DB} = F_P \text{(拉)}$$

对于拉杆 *BD*,由于其承受拉力,可根据强度条件确定其许可荷载

$$F_P = F_{BD} = [\sigma]A = 160 \times 10^6 \text{Pa} \times \frac{\pi d^2}{4} = 160 \times \frac{\pi}{4} \times 40^2 \text{kN} = 201 \text{kN}$$

所以

$$[F_1] = 201 \text{kN}$$

对于 *AB* 等压杆,需进行稳定计算。根据柔度计算公式

$$\lambda = \frac{\mu l}{i} = \frac{1 \times 1000}{\frac{40}{4}} = 100 < \lambda_p = 100$$

用欧拉公式计算 *AB* 杆的临界力

$$F_{cr} = \frac{\pi^2 E}{\lambda^2}A = \frac{\pi^2 \times 206 \times 10^9 \text{Pa}}{100^2} \times \frac{\pi}{4} \times 40^2 \times 10^{-6}\text{m}^2$$

$$= 255.5 \times 10^3 \text{N} = 255.5 \text{kN}$$

所以　　　$$[F_2] = \sqrt{2}[F_{cr}] = \sqrt{2}\frac{F_{cr}}{[n_{st}]} = \sqrt{2} \times \frac{255.5}{1.8} = 162 \text{kN}$$

因此,结构由压杆稳定性控制,许用荷载为

$$[F] = 162 \text{kN}$$

(2)力 F_P 方向向外时结构的许可荷载

这时各杆的受力

$$F_{AB} = F_{AD} = F_{BC} = F_{CD} = \frac{\sqrt{2}}{2}F_P \text{ (拉)}$$

$$F_{BD} = F_P \text{(压)}$$

由于此时受压杆 *BD* 的长度比前一种情形下的长,所以只需要进行稳定计算

$$\lambda = \frac{\mu l}{i} = \frac{1 \times \sqrt{2} \times 1000}{10} = 141.4 > \lambda_p = 100$$

采用欧拉公式计算临界力

$$F_{cr} = \frac{\pi^2 E}{\lambda^2}A = \frac{\pi^2 \times 206 \times 10^9 \text{Pa}}{141.4^2} \times \frac{\pi}{4} \times 40^2 \times 10^{-6}\text{m}^2$$

$$= 127.8 \times 10^3 \text{N} = 127.8 \text{kN}$$

$$[F_{cr}] - \frac{F_{cr}}{n_{st}} = \frac{127.8 \text{kN}}{1.8} = 71 \text{kN}$$

因为

$$F = F_{BD} = [F_{cr}],$$

所以结构的许用荷载为

$$[F] = 71 \text{kN}$$

第五节 提高压杆稳定性的措施

提高压杆的稳定性主要在于提高压杆的临界荷载,根据前面的讨论可知,影响临界荷载的因素有:柔度、截面形状、几何尺寸、杆件的长度、压杆的约束条件、材料的力学性能等。因此,提高压杆的承载能力可以从上述几方面入手采取一些有效措施。

一、合理选择截面形状

当杆端约束沿各个方向相同时,在保持横截面面积不变的前提下,使横截面沿两个形心主轴方向的惯性矩相等,并且将面积分布远离形心主轴,使惯性矩增加。例如,可采用图 9-12 所示的各截面增大惯性矩。

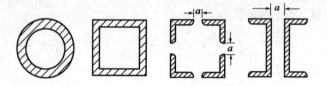

图 9-12 压杆的合理截面形状

当压杆两端在各个方向弯曲平面内具有相同的约束条件时,压杆将在刚度最小的形心主轴平面内失稳。如果只增加截面某个方向的惯性矩,并不能提高压杆的整体承载能力。因此,有效的办法是将截面设计成中空的,可以达到加大横截面的惯性矩或惯性半径,并使截面对各个方向轴的惯性矩或惯性半径均相同的目的。

如果压杆端部在不同的平面内具有不同的约束条件,应采用与约束条件相对应的最大与最小主惯性矩不等的截面(如矩形截面),使主惯性矩较小的平面内具有刚性较强的约束,且尽量使两主惯性矩平面内,压杆的长细比相互接近,即 $\lambda_{max} = \lambda_{min}$。

二、尽量减小压杆杆长

减小压杆的长度可以显著地提高压杆承载能力。例如,图 9-13 中所示的两种桁架,①、④杆均为压杆,但图 b)中①、④杆的长度仅为图 a)中①、④杆长度的一半。在刚度 EI 不变的情况下,压杆承载能力提高了 4 倍。所以,在某些情形下,可以通过改变结构或增加支点的方法达到减小杆长,提高压杆承载能力的目的。

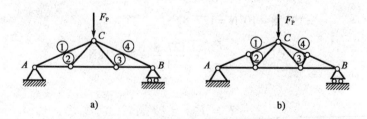

图 9-13 减小压杆的长度提高承载能力

三、增加压杆的端部约束,减少长度系数值

压杆的约束条件由长度系数 μ 值反映,μ 值越低,压杆的柔度值越小,临界力越大。例如,将两端铰支的细长杆,改为两端固定约束,则增加了支承的刚性,使临界力呈数倍增加。

四、合理选用材料

在其他条件均相同的条件下,选用弹性模量 E 大的材料,可以提高细长压杆的临界应力和临界压力。例如,钢的 E 值要比铸铁、铜及其合金、铝及其合金、混凝土、木材(顺纹)等材料大,因此,钢杆的临界力要高于其他材质的压杆。

但是,普通碳钢、优质碳钢或合金钢等钢基材料,弹性模量数值大致相等。因此,对于细长杆,若选用高强度钢,并不能较大程度提高压杆的临界力,意义不大,而且造成成本的增加。但对于中长杆,或粗短杆,其临界力与材料的比例极限或屈服极限有关,这时选用高强度钢可提高临界力。

本 章 小 结

1.受压直杆在受到干扰后,由直线平衡形式转变为弯曲平衡形式,而且干扰撤除后,压杆仍保持为弯曲平衡形式,则称压杆丧失稳定,简称失稳或屈曲。

压杆失稳的条件是受的压力 $F \geqslant F_{cr}$。F_{cr} 称为临界力。

2.压杆的临界力 $F_{cr} = \sigma_{cr} A$,临界应力 σ_{cr} 的计算公式与压杆的柔度 $\lambda = \dfrac{\mu l}{i}$ 所处的范围有关。

$\lambda \geqslant \lambda_p$, 称为大柔度杆,$\sigma_{cr} = \dfrac{\pi^2 E}{\lambda^2}$

$\lambda_s \leqslant \lambda \leqslant \lambda_p$, 称为中柔度杆,$\sigma_{cr} = a - b\lambda$

$\lambda \leqslant \lambda_s$, 称为小柔度杆,$\sigma_{cr} = \sigma_s$

3.压杆的稳定计算为安全系数法

$n = \dfrac{P_{cr}}{P} \geqslant n_{st}$,$n_{st}$ 为稳定安全系数。

4.根据 $\lambda = \dfrac{\mu l}{i}$,$i = \sqrt{\dfrac{I}{A}}$,$\lambda$ 愈大,则临界力(或临界应力)愈低。提高压杆承载能力的措施有:减小杆长;增强杆端约束;提高截面形心主轴惯性矩 I,且在各个方向的约束相同时,应使截面的两个形心主轴惯性矩相等;合理选用材料。

思 考 题

9-1 两端为球形铰支的压杆,当横截面如图 9-14 所示各种不同形状时,试问压杆会在哪个平面内失去稳定(即失去稳定时压杆的截面绕哪一根形心轴转动)?

9-2 有一圆截面细长压杆,其他条件不变,若直径增大一倍时,其临界力有何变化?若长度增加一倍时,其临界力有何变化?

9-3 为什么矩形截面梁的高宽比通常取 $h/b = 2 \sim 3$,而压杆宜采用方形截面($h/b = 1$)?

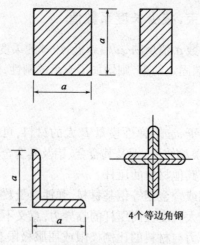

图 9-14　思考题图 9-1

9-4　若用欧拉公式计算中柔度杆的临界力,则会导致什么后果?

习　题

9-1　图 9-15 所示的细长压杆均为圆杆,其直径 d 均相同,材料 HPB235 钢,$E=210\text{GPa}$。图 a)为两端铰支;图 b)为一端固定,一端铰支;图 c)两端固定。试判别哪一种情形的临界力最大,哪种其次,哪种最小? 若圆杆直径 $d=16\text{cm}$,试求最大的临界力。

9-2　三根圆截面压杆,直径均为 $d=160\text{mm}$,材料为 A3 钢,$E=200\text{GPa}$,$\sigma_s=240\text{MPa}$。两端均为铰支,长度分别为 l_1、l_2 和 l_3,且 $l_1=2l_2=4l_3=5\text{m}$。试求各杆的临界压力。

9-3　两端铰支压杆,材料为 HPB235 钢,具有图 9-16 所示 4 种横截面形状,截面面积均为 $4.0\times10^3\text{mm}^2$,试比较它们的临界力值。空心圆截面中 $d_2=0.7d_1$。

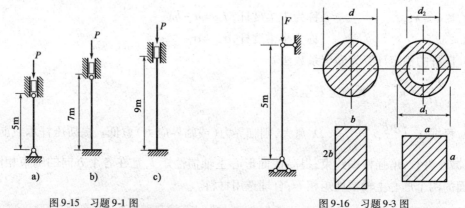

图 9-15　习题 9-1 图　　　　　图 9-16　习题 9-3 图

9-4　图 9-17 示托架中杆 AB 的直径 $d=40\text{mm}$,长度 $l=800\text{mm}$,两端可视为球铰链约束,材料为 HPB235 钢。

(1)求托架的临界力。

(2)若已知工作荷载 $F_P=70\text{kN}$,并要求杆 AB 的稳定安全因数 $[n_{st}]=2.0$,校核托架是否安全。

(3)若横梁为 18 号普通热轧工字钢,$[\sigma]=160\text{MPa}$,则托架所能承受的最大荷载有没有变化?

9-5 某快锻水压机工作台油缸柱塞如图 9-18 所示。已知油压 $p = 32\text{MPa}$,柱塞直径 $d = 120\text{mm}$,伸入油缸的最大行程 $l = 1600\text{mm}$,材料为 45 号钢,$\sigma_p = 280\text{MPa}$,$E = 210\text{GPa}$。试求柱塞的工作安全因数。

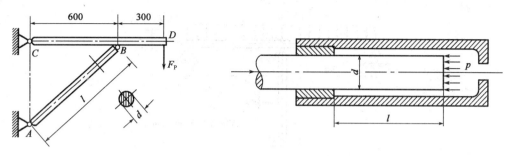

图 9-17 习题 9-4 图(尺寸单位:mm)   图 9-18 习题 9-5 图

9-6 图 9-19 所示结构,杆①、②材料和长度相同,已知:$F = 90\text{kN}$,$E = 200\text{GPa}$,杆长 $l = 0.8\text{m}$,$\lambda_p = 99.3$,$\lambda_s = 57$,经验公式 $\sigma_{cr} = 304 - 1.12\lambda(\text{MPa})$,$[n_{st}] = 3$。试校核结构的稳定性。

9-7 图 9-20 所示式托架结构中,撑杆为钢管,外径 $D = 50\text{mm}$,内径 $d = 40\text{mm}$,两端球形铰支,材料为 HPB235 钢,$E = 206\text{GPa}$,$\lambda_p = 100$,稳定安全系数 $[n_{st}] = 3$。试根据该杆的稳定性要求,确定横梁上均布荷载集度 q 之许可值。

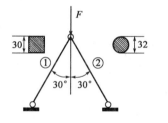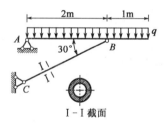

图 9-19 习题 9-6 图(尺寸单位:mm)   图 9-20 习题 9-7 图

9-8 图 9-21 所示立柱长 $L = 6\text{m}$,由两根 10 号槽钢组成,问:a 多大时立柱的临界力 F_{cr} 最高,并求其值。已知:材料的弹性模量 $E = 200\text{GPa}$,$\sigma_p = 200\text{MPa}$。

9-9 图 9-22 所示结构中 AC 与 CD 杆均用 3 号钢制成,C、D 两处均为球铰。已知 $d = 20\text{mm}$,$b = 100\text{mm}$,$h = 180\text{mm}$;$E = 200\text{GPa}$,$\sigma_s = 235\text{MPa}$,$\sigma_b = 400\text{MPa}$;强度安全系数 $n = 2.0$,稳定安全系数 $n_{st} = 3.0$。试确定该结构的最大容许荷载。

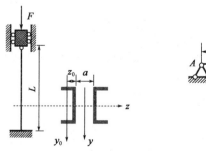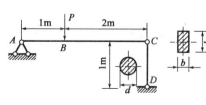

图 9-21 习题 9-8 图   图 9-22 习题 9-9 图

9-10 图 9-23 所示结构中,梁与柱的材料均为 HPB235 钢,$E = 200\text{GPa}$,$\sigma_s = 240\text{MPa}$。均匀分布荷载集度 $q = 24\text{kN/m}$。竖杆为两根 $63\text{mm} \times 63\text{mm} \times 5\text{mm}$ 等边角钢(连接成一整体)。试确定梁与柱的工作安全因数。

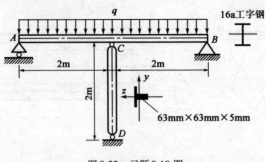

图 9-23 习题 9-10 图

附录 A 截面的几何性质

A.1 截面的形心和静矩

考察任意平面几何图形如图 A-1 所示,在其上取面积微元 dA,该微元在 Oyz 坐标系中的坐标为 y、z。定义下列积分

$$\left.\begin{array}{l} S_y = \int_A z\,dA, \\[2mm] S_z = \int_A y\,dA \end{array}\right\} \tag{A-1}$$

分别称为图形对于 y 轴和 z 轴的静矩。静矩的单位为 m^3 或 mm^3。

如果将 dA 视为垂直于图形平面的力,则 $y\,dA$ 和 $z\,dA$ 分别为 dA 对于 z 轴和 y 轴的力矩;S_z 和 S_y 则分别为 A 对 z 轴和 y 轴之矩。

图形几何形状的中心称为形心(Centroid of An Area),若将面积视为垂直于图形平面的力,则形心即为合力的作用点。

设 z_C、y_C 为形心坐标,则根据合力之矩定理

$$\left.\begin{array}{l} S_z = Ay_C \\[2mm] S_y = Az_C \end{array}\right\} \tag{A-2}$$

或

$$\left.\begin{array}{l} y_C = \dfrac{S_z}{A} = \dfrac{\int_A y\,dA}{A} \\[4mm] z_C = \dfrac{S_y}{A} = \dfrac{\int_A z\,dA}{A} \end{array}\right\} \tag{A-3}$$

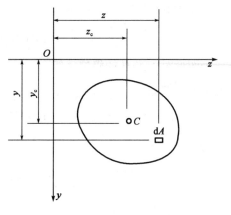

图 A-1 平面图形的形心与静矩

这就是图形形心坐标与静矩之间的关系。

根据上述关于静矩的定义以及静矩与形心之间的关系,可见:

(1)静矩与坐标轴有关,同一平面图形对于不同的坐标轴有不同的静矩。对某些坐标轴静矩为正;对另外一些坐标轴静矩则可能为负;对于通过形心的坐标轴,图形对其静矩等于零。

(2)如果已经计算出静矩,就可以确定形心的位置;反之,如果已知形心在某一坐标系中的位置,则可计算图形对于这一坐标系中坐标轴的静矩。

实际计算中,对于简单的、规则的图形,其形心位置可以直接判断。例如:矩形、正方形、圆形、正三角形等的形心位置是显而易见的。对于组合图形,则先将其分解为若干个简单图形(可以直接确定形心位置的图形),然后由式(A-2)分别计算它们对于给定坐标轴的静矩,并求其代数和,即

学习记录

$$\left.\begin{aligned} S_z &= A_1 y_{C1} + A_2 y_{C2} + \cdots + A_n y_{Cn} = \sum_{i=1}^{n} A_i y_{Ci} \\ S_y &= A_1 z_{C1} + A_2 z_{C2} + \cdots + A_n z_{Cn} = \sum_{i=1}^{n} A_i z_{Ci} \end{aligned}\right\} \tag{A-4}$$

再利用式(A-3),即可得组合图形的形心坐标

$$\left.\begin{aligned} y_C &= \frac{S_z}{A} = \frac{\sum_{i=1}^{n} A_i y_{Ci}}{\sum_{i=1}^{n} A_i} \\ z_C &= \frac{S_y}{A} = \frac{\sum_{i=1}^{n} A_i z_{Ci}}{\sum_{i=1}^{n} A_i} \end{aligned}\right\} \tag{A-5}$$

A.2 惯性矩与惯性积

对于图 A-2 中的任意图形,以及给定的 Oyz 坐标,定义下列积分

$$\left.\begin{aligned} I_y &= \int_A z^2 \mathrm{d}A, \\ I_z &= \int_A y^2 \mathrm{d}A \end{aligned}\right\} \tag{A-6}$$

分别称为图形对于 y 轴和 z 轴的**惯性矩**。

定义积分

$$I_P = \int_A r^2 \mathrm{d}A \tag{A-7}$$

为图形对于点 O 的**极惯性矩**。

定义积分

$$I_{yz} = \int_A yz \mathrm{d}A \tag{A-8}$$

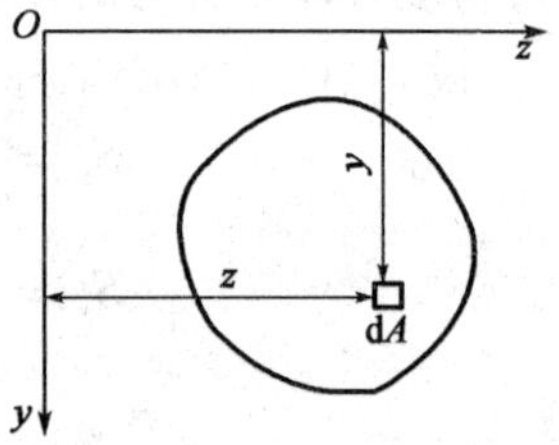

图 A-2 惯性矩与惯性积

为图形对于通过点 O 的一对坐标轴 y、z 的**惯性积**。

定义

$$\left.\begin{aligned} i_y &= \sqrt{\frac{I_y}{A}} \\ i_z &= \sqrt{\frac{I_z}{A}} \end{aligned}\right\} \tag{A-9}$$

分别为图形对于 y 轴和 z 轴的**惯性半径**。

根据上述定义可知:

(1)惯性矩和极惯性矩恒为正;而惯性积则由于坐标轴位置的不同,可能为正,也可能为负。三者的单位均为 m^4 或 mm^4。

(2)因为 $r^2 = x^2 + y^2$,所以由上述定义不难得到惯性矩与极惯性矩之间的下列关系

$$I_P = I_y + I_z \tag{A-10}$$

(3)根据极惯性矩的定义式,不难得到圆截面对其中心的极惯性矩

$$I_P = \frac{\pi d^4}{32} \tag{A-11}$$

式中,d 为圆截面的直径。

类似地,还可以得圆环截面对于圆环中心的极惯性矩为

$$I_P = \frac{\pi D^4}{32}(1 - \alpha^4), \alpha = \frac{d}{D}, \tag{A-12}$$

式中,D 为圆环外直径,d 为内直径。

根据式(A-10)、式(A-11),注意到圆形对于通过其中心的任意两根轴具有相同的惯性矩,便可得到圆截面对于通过其形心的任意轴的惯性矩均为

$$I = \frac{\pi d^4}{64} \tag{A-13}$$

对于外径为 D、内径为 d 的圆环截面,则有

$$I = \frac{\pi D^4}{64}(1 - \alpha^4), \alpha = \frac{d}{D} \tag{A-14}$$

(4)根据惯性矩的定义式,不难求得矩形截面对于通过其形心、平行于矩形周边轴的惯性矩:

$$\left. \begin{array}{l} I_y = \dfrac{hb^3}{12} \\[2mm] I_z = \dfrac{bh^3}{12} \end{array} \right\} \tag{A-15}$$

A.3 惯性矩与惯性积的平行移轴公式

设一面积为 A 的任意形状截面如图 A-4 所示。截面位于任意平面直角坐标系 Oyz 中;形心轴 y_C、z_C 通过截面形心 C,且分别与 y、z 轴平行;y_C 轴与 y 轴的间距为 b,z_C 轴与 z 轴的间距为 a。截面对于形心轴的惯性矩分别为 I_{yC}、I_{zC}。由式(A-6)可分别求得截面对 y、z 两坐标轴的惯性矩 I_y、I_z。

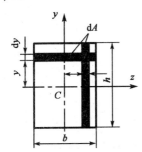

图 A-3 矩形截面的惯性矩

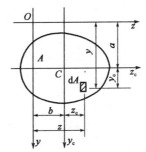

图 A-4 惯性矩与惯性积的平行移轴定理

在截面上任取一面积元素 dA,其中心点在两坐标系内的坐标分别为 (y,z) 和 (y_C,z_C),则两坐标之间的关系为

$$y = y_C + a, z = z_C + b \tag{A-16}$$

将式(A-16)中的 y 代入式(A-6)可得

$$I_y = \int_A z^2 dA = \int_A (z_C + b)^2 dA = \int_A z_C^2 dA + 2a\int_A z_C dA + b^2\int_A dA \tag{A-17}$$

根据惯性矩和静矩的定义,上式右端的各项积分分别为

$$\int_A z_C^2 \mathrm{d}A = I_{yC}, \quad \int_A z_C \mathrm{d}A = A \cdot z_C = S_{xC}, \quad \int_A \mathrm{d}A = A$$

式中,z_c 为截面形心 C 到 y_C 轴的距离,因为 y_C 轴为形心轴,所以,$z_c = 0$,静矩 $S_{xC} = 0$。于是,式(A-17)可写成

$$I_y = I_{yC} + b^2 A \tag{A-18a}$$

同理

$$I_z = I_{zC} + a^2 A \tag{A-18b}$$

式(A-18)称为惯性矩的平行移轴公式。应用上式可根据截面对于形心轴的惯性矩,计算截面对于与形心轴平行的坐标轴的惯性矩,或进行相反的运算。

附录 B 型钢规格表（GB/T 706—2008）

表 B-1 热 轧 工 字 钢

符号意义：

h——高度；
b——腿宽度；
d——腰厚度；
t——平均腿厚度；
r——内圆弧半径；
r_1——腿端圆弧半径。

型号	截面尺寸（mm）						截面面积（cm²）	理论重量（kg/m）	惯性矩（cm⁴）		惯性半径（cm）		截面模数（cm³）	
	h	b	d	t	r	r_1			I_x	I_y	i_x	i_y	W_x	W_y
10	100	68	4.5	7.6	6.5	3.3	14.345	11.261	245	33.0	4.14	1.52	49.0	9.72
12	120	74	5.0	8.4	7.0	3.5	17.818	13.987	436	46.9	4.95	1.62	72.7	12.7
12.6	126	74	5.0	8.4	7.0	3.5	18.118	14.223	488	46.9	5.20	1.61	77.5	12.7
14	140	80	5.5	9.1	7.5	3.8	21.516	16.980	712	64.4	5.76	1.73	102	16.1
16	160	88	6.0	9.9	8.0	4.0	26.131	20.513	1130	93.1	6.58	1.89	141	21.2
18	180	94	6.5	10.7	8.5	4.3	30.756	24.143	1660	122	7.36	2.00	185	26.0
20a	200	100	7.0	11.4	9.0	4.5	35.578	27.929	2370	158	8.15	2.12	237	31.5
20b	200	102	9.0	11.4	9.0	4.5	39.578	31.069	2500	169	7.96	2.06	250	33.1

学习记录

续上表

型号	截面尺寸 (mm)						截面面积 (cm²)	理论重量 (kg/m)	惯性矩 (cm⁴)		惯性半径 (cm)		截面模数 (cm³)	
	h	b	d	t	r	r_1			I_x	I_y	i_x	i_y	W_x	W_y
22a	220	110	7.5	12.3	9.5	4.8	42.128	33.070	3400	225	8.99	2.31	309	40.9
22b		112	9.5	12.3	9.5	4.8	46.528	36.524	3570	239	8.78	2.27	325	42.7
24a	240	116	8.0	13.0	10.0	5.0	47.741	37.477	4570	280	9.77	2.42	381	48.4
24b		118	10.0	13.0	10.0	5.0	52.541	41.245	4800	297	9.57	2.38	400	50.4
25a	250	116	8.0	13.0	10.0	5.0	48.541	38.105	5020	280	10.2	2.40	402	48.3
25b		118	10.0	13.0	10.0	5.0	53.541	42.030	5280	309	9.94	2.40	423	52.4
27a	270	122	8.5	13.7	10.5	5.3	54.554	42.825	6550	345	10.9	2.51	485	56.6
27b		124	10.5	13.7	10.5	5.3	59.954	47.064	5870	366	10.7	2.47	509	58.9
28a	280	122	8.5	13.7	10.5	5.3	55.404	43.492	7110	345	11.3	2.50	508	56.6
28b		124	10.5	13.7	10.5	5.3	61.004	47.888	7480	379	11.1	2.49	534	61.2
30a	300	126	9.0	14.4	11.0	5.5	61.254	48.084	8950	400	12.1	2.55	597	63.5
30b		128	11.0	14.4	11.0	5.5	67.254	52.794	9400	422	11.8	2.50	627	65.9
30c		130	13.0	14.4	11.0	5.5	73.254	57.504	9850	445	11.6	2.46	657	68.5
32a	320	130	9.5	15.0	11.5	5.8	67.155	52.717	11100	460	12.8	2.62	692	70.8
32b		132	11.5	15.0	11.5	5.8	73.556	57.741	11600	502	12.5	2.61	726	76.0
32c		134	13.5	15.0	11.5	5.8	79.956	62.755	12200	544	12.3	2.61	760	81.2
36a	360	136	10.0	15.8	12.0	6.0	76.480	60.037	15800	552	14.4	2.69	875	81.2
36b		138	12.0	15.8	12.0	6.0	83.680	65.589	16500	582	14.1	2.64	919	84.3
36c		140	14.0	15.8	12.0	6.0	90.880	71.341	17300	612	13.8	2.60	962	87.4
40a	400	142	10.5	16.5	12.5	6.3	86.112	67.598	21700	660	15.9	2.77	1090	93.2
40b		144	12.5	16.5	12.5	6.3	94.112	73.878	22800	692	15.6	2.71	1140	96.2
40c		146	14.5	16.5	12.5	6.3	102.112	80.158	23900	727	15.2	2.65	1190	99.6

续上表

型号	截面尺寸(mm)						截面面积 (cm²)	理论重量 (kg/m)	惯性矩 (cm⁴)		惯性半径 (cm)		截面模数 (cm³)	
	h	b	d	t	r	r_1			I_x	I_y	i_x	i_y	W_x	W_y
45a	450	150	11.5	18.0	13.5	6.8	102.446	80.420	32200	855	17.7	2.89	1430	114
45b	450	152	13.5	18.0	13.5	6.8	111.446	87.485	33800	894	17.4	2.84	1500	118
45c	450	154	15.5	18.0	13.5	6.8	120.446	94.550	35300	938	17.1	2.79	1570	122
50a	500	158	12.0	20.0	14.0	7.0	119.304	93.654	46500	1120	19.7	3.07	1860	142
50b	500	160	14.0	20.0	14.0	7.0	129.304	101.504	48600	1170	19.4	3.01	1940	146
50c	500	162	16.0	20.0	14.0	7.0	139.304	109.354	50600	1220	19.0	2.96	2080	151
55a	550	166	12.5	21.0	14.5	7.3	134.185	105.335	62900	1370	21.6	3.19	2290	164
55b	550	168	14.5	21.0	14.5	7.3	145.185	113.970	65600	1420	21.2	3.14	2390	170
55c	550	170	16.5	21.0	14.5	7.3	156.185	122.605	68400	1480	20.9	3.08	2490	175
56a	560	166	12.5	21.0	14.5	7.3	135.435	106.316	65600	1370	22.0	3.18	2340	165
56b	560	168	14.5	21.0	14.5	7.3	146.635	115.108	68500	1490	21.6	3.16	2450	174
56c	560	170	16.5	21.0	14.5	7.3	157.835	123.900	71400	1560	21.3	3.16	2550	183
63a	630	175	13.0	22.0	15.0	7.5	154.658	121.407	93900	1700	24.5	3.31	2980	193
63b	630	178	15.0	22.0	15.0	7.5	167.258	131.298	98100	1810	24.2	3.29	3160	204
63c	630	180	17.0	22.0	15.0	7.5	179.858	141.189	102000	1920	23.8	3.27	3300	214

表 B-2 热 轧 槽 钢

符号意义:
h——高度;
b——腿宽度;
d——腰厚度;
t——平均腿厚度;
r——内圆弧半径;
r₁——腿端圆弧半径;
Z_0——YY 轴与 Y_1Y_1 轴间距。

型号	截面尺寸 (mm)						截面面积 (cm²)	理论重量 (kg/m)	惯性矩 (cm⁴)			惯性半径 (cm)		截面模数 (cm³)		重心距离 (cm)
	h	b	d	t	r	r_1			I_x	I_y	I_{y1}	i_x	i_y	W_x	W_y	Z_0
5	50	37	4.5	7.0	7.0	3.5	6.928	5.438	26.0	8.30	20.9	1.94	1.10	10.4	3.55	1.35
6.3	63	40	4.8	7.5	7.5	3.8	8.451	6.634	50.8	11.9	28.4	2.45	1.19	16.1	4.50	1.36
6.5	65	40	4.3	7.5	7.5	3.8	8.547	6.709	55.2	12.0	28.3	2.54	1.19	17.0	4.59	1.38
8	80	43	5.0	8.0	8.0	4.0	10.248	8.045	101	16.6	37.4	3.15	1.27	25.3	5.79	1.43
10	100	48	5.3	8.5	8.5	4.2	12.748	10.007	198	25.6	54.9	3.95	1.41	39.7	7.80	1.52
12	120	53	5.5	9.0	9.0	4.5	15.362	12.059	346	37.4	77.7	4.75	1.56	57.7	10.2	1.62
12.6	126	53	5.5	9.0	9.0	4.5	15.692	12.318	391	38.0	77.1	4.95	1.57	62.1	10.2	1.59
14a	140	58	6.0	9.5	9.5	4.8	18.516	14.535	564	53.2	107	5.52	1.70	80.5	13.0	1.71
14b	140	60	8.0	9.5	9.5	4.8	21.316	16.733	609	61.1	121	5.35	1.69	87.1	14.1	1.67
16a	160	63	6.5	10.0	10.0	5.0	21.962	17.24	866	73.3	144	6.28	1.83	108	16.3	1.80
16b	160	65	8.5	10.0	10.0	5.0	25.162	19.752	935	83.4	161	6.10	1.82	117	17.6	1.75

学习记录

续上表

型号	截面尺寸 (mm)						截面面积 (cm²)	理论重量 (kg/m)	惯性矩 (cm⁴)			惯性半径 (cm)		截面模数 (cm³)		重心距离 (cm)
	h	b	d	t	r	r_1			I_x	I_y	I_{y1}	i_x	i_y	W_x	W_y	Z_0
18a	180	68	7.0	10.5	10.5	5.2	25.699	20.174	1270	98.6	190	7.04	1.96	141	20.0	1.88
18b		70	9.0	10.5	10.5	5.2	29.299	23.000	1370	111	210	6.84	1.95	152	21.5	1.84
20a	200	73	7.0	11.0	11.0	5.5	28.837	22.637	1780	128	244	7.86	2.11	178	24.2	2.01
20b		75	9.0	11.0	11.0	5.5	32.837	25.777	1910	144	268	7.64	2.09	191	25.9	1.95
22a	220	77	7.0	11.5	11.5	5.8	31.846	24.999	2390	158	298	8.67	2.23	218	28.2	2.10
22b		79	9.0	11.5	11.5	5.8	36.246	28.453	2570	176	326	8.42	2.21	234	30.1	2.03
24a	240	78	7.0	12.0	12.0	6.0	34.217	26.860	3050	174	325	9.45	2.25	254	30.5	2.10
24b		80	9.0	12.0	12.0	6.0	39.017	30.628	3280	194	355	9.17	2.23	274	32.5	2.03
24c		82	11.0	12.0	12.0	6.0	43.817	34.396	3510	213	388	8.96	2.21	293	34.4	2.00
25a	250	78	7.0	12.0	12.0	6.0	34.917	27.410	3370	176	322	9.82	2.24	270	30.6	2.07
25b		80	9.0	12.0	12.0	6.0	39.917	31.335	3530	196	353	9.41	2.22	282	32.7	1.98
25c		82	11.0	12.0	12.0	6.0	44.917	35.260	3690	218	384	9.07	2.21	295	35.9	1.92
27a	270	82	7.5	12.5	12.5	6.2	39.284	30.838	4360	216	393	10.5	2.34	323	35.5	2.13
27b		84	9.5	12.5	12.5	6.2	44.684	35.077	4690	239	428	10.3	2.31	347	37.7	2.06
27c		86	11.5	12.5	12.5	6.2	50.084	39.316	5020	261	467	10.1	2.28	372	39.8	2.03
28a	280	82	7.5	12.5	12.5	6.2	40.034	31.427	4760	218	388	10.9	2.33	340	35.7	2.10
28b		84	9.5	12.5	12.5	6.2	45.634	35.823	5130	242	428	10.6	2.30	366	37.9	2.02
28c		86	11.5	12.5	12.5	6.2	51.234	40.219	5500	268	463	10.4	2.29	393	40.3	1.95

续上表

型号	截面尺寸（mm）						截面面积（cm²）	理论重量（kg/m）	惯性矩（cm⁴）			惯性半径（cm）		截面模数（cm³）		重心距离（cm）
	h	b	d	t	r	r_1			I_x	I_y	I_{y1}	i_x	i_y	W_x	W_y	Z_0
30a	300	85	7.5	13.5	13.5	6.8	43.902	34.463	6050	260	467	11.7	2.43	403	41.1	2.17
30b		87	9.5				4.902	39.173	6500	289	515	11.4	2.41	433	44.0	2.13
30c		89	11.5				55.902	43.883	6950	316	560	11.2	2.38	463	46.4	2.09
32a	320	88	8.0	14.0	14.0	7.0	48.513	38.083	7600	305	552	12.5	2.50	475	46.5	2.24
32b		90	10.0				54.913	43.107	8140	336	593	12.2	2.47	509	49.8	2.16
32c		92	12.0				61.313	48.131	8690	374	643	11.9	2.47	543	52.6	2.09
36a	360	96	9.0	16.0	16.0	8.0	50.910	47.814	11900	455	818	14.0	2.73	660	63.5	2.44
36b		98	11.0				58.110	53.466	12700	497	880	13.6	2.70	703	66.9	2.37
36c		100	13.0				75.310	59.118	13400	536	948	13.4	2.67	746	70.0	2.34
40a	400	100	10.5	18.0	18.0	9.0	75.068	58.928	17600	592	1070	15.3	2.81	879	78.8	2.49
40b		102	12.5				83.068	65.208	18600	640	114	15.0	2.78	932	82.5	2.44
40c		104	14.5				91.068	71.488	19700	688	1220	14.7	2.75	986	86.2	2.42

表 B-3 热 轧 等 边 角 钢

符号意义:
b——边宽度;
d——边厚度;
r——内圆弧半径;
r_1——边端圆弧半径;
Z_0——重心距离。

型号	截面尺寸 (mm)			截面面积 (cm²)	理论重量 (kg/m)	外表面积 (m²/m)	惯性矩 (cm⁴)				惯性半径 (cm)			截面模数 (cm³)			重心距离 (cm)
	b	d	r				I_x	I_{x1}	I_{x0}	I_{y0}	i_x	i_{x0}	i_{y0}	W_x	W_{x0}	W_{y0}	Z_0
2	20	3	3.5	1.132	0.889	0.078	0.40	0.81	0.63	0.17	0.59	0.75	0.39	0.29	0.45	0.20	0.60
2	20	4		1.459	1.145	0.077	0.50	1.09	0.78	0.22	0.58	0.73	0.38	0.36	0.55	0.24	0.64
2.5	25	3		1.432	1.124	0.098	0.82	1.57	1.29	0.34	0.76	0.95	0.49	0.46	0.73	0.33	0.73
2.5	25	4		1.859	1.459	0.097	1.03	2.11	1.62	0.43	0.74	0.93	0.48	0.59	0.92	0.40	0.76
3.0	30	3	4.5	1.749	1.373	0.117	1.46	2.71	2.31	0.61	0.91	1.15	0.59	0.68	1.09	0.51	0.85
3.0	30	4		2.276	1.786	0.117	1.84	3.63	2.92	0.77	0.90	1.13	0.58	0.87	1.37	0.62	0.89
3.6	36	3		2.109	1.656	0.141	2.58	4.68	4.09	1.07	1.11	1.39	0.71	0.99	1.61	0.76	1.00
3.6	36	4		2.756	2.163	0.141	3.29	6.25	5.22	1.37	1.09	1.38	0.70	1.28	2.05	0.93	1.04
3.6	36	5		3.382	2.654	0.141	3.95	7.84	6.24	1.65	1.08	1.36	0.70	1.56	2.45	1.00	1.07
4	40	3	5	2.359	1.852	0.157	3.59	6.41	5.69	1.49	1.23	1.55	0.79	1.23	2.01	0.96	1.09
4	40	4		3.086	2.422	0.157	4.60	8.56	7.29	1.91	1.22	1.54	0.79	1.60	2.58	1.19	1.13
4	40	5		3.791	2.976	0.156	5.53	10.74	8.76	2.30	1.21	1.52	0.78	1.96	3.10	1.39	1.17
4.5	45	3		2.659	2.088	0.177	5.17	9.12	8.20	2.14	1.40	1.76	0.89	1.58	2.58	1.24	1.22
4.5	45	4		3.486	2.736	0.177	6.65	12.18	10.56	2.75	1.38	1.74	0.89	2.05	3.32	1.54	1.26
4.5	45	5		4.292	3.369	0.176	8.04	15.2	12.74	3.33	1.37	1.72	0.88	2.51	4.00	1.81	1.30
4.5	45	6		5.076	3.985	0.176	9.33	18.36	14.76	3.89	1.36	1.70	0.8	2.95	4.64	2.06	1.33

续上表

型号	截面尺寸 (mm)			截面面积 (cm²)	理论重量 (kg/m)	外表面积 (m²/m)	惯性矩 (cm⁴)				惯性半径 (cm)			截面模数 (cm³)			重心距离 (cm)
	b	d	r				I_x	I_{x1}	I_{x0}	I_{y0}	i_x	i_{x0}	i_{y0}	W_x	W_{x0}	W_{y0}	Z_0
5	50	3	5.5	2.971	2.332	0.197	7.18	12.5	11.37	2.98	1.55	1.96	1.00	1.96	3.22	1.57	1.34
		4		3.897	3.059	0.197	9.26	16.69	14.70	3.82	1.54	1.94	0.99	2.56	4.16	1.96	1.38
		5		4.803	3.770	1.196	11.21	20.90	17.79	4.64	1.53	1.92	0.98	3.13	5.03	2.31	1.42
		6		5.688	4.465	0.096	13.05	25.14	20.68	5.42	1.52	1.91	0.98	3.68	5.85	2.63	1.46
5.6	56	3	6	3.343	2.624	0.221	10.19	17.56	16.14	4.24	1.75	2.20	1.13	2.48	4.08	2.02	1.48
		4		4.390	3.446	0.220	13.18	23.43	20.92	5.46	1.73	2.18	1.11	3.24	5.28	2.52	1.53
		5		5.415	4.251	0.220	16.02	29.33	25.42	6.61	1.72	2.17	1.10	3.97	6.42	2.98	1.57
		6		6.420	5.040	0.220	18.69	35.26	29.66	7.73	1.71	2.15	1.10	4.68	7.49	3.40	1.61
		7		7.404	5.812	0.219	21.23	41.23	33.63	8.82	1.69	2.13	1.09	5.36	8.49	3.80	1.64
		8		8.367	6.568	0.219	23.63	47.24	37.37	9.89	1.68	2.11	1.09	6.03	9.44	4.16	1.68
6	60	5	6.5	5.829	4.576	0.236	19.89	36.05	31.57	8.21	1.85	2.33	1.19	4.59	7.44	3.48	1.67
		6		6.914	5.427	0.235	23.25	43.33	36.89	9.60	1.83	2.31	1.18	5.41	8.70	3.98	1.70
		7		7.977	6.262	0.235	26.44	50.65	41.92	10.96	1.82	2.29	1.17	6.21	9.88	4.45	1.74
		8		9.020	7.081	0.235	29.47	58.02	46.66	12.28	1.81	2.27	1.17	6.98	11.00	4.88	1.78
6.3	63	4	7	4.978	3.907	0.248	19.03	33.35	30.17	7.89	1.96	2.46	1.26	4.13	6.78	3.29	1.70
		5		6.143	4.822	0.248	23.17	41.73	36.77	9.57	1.94	2.45	1.25	5.08	8.25	3.90	1.74
		6		7.288	5.721	0.247	27.12	50.14	43.03	11.20	1.93	2.43	1.24	6.00	9.66	4.46	1.78
		7		8.412	6.603	0.247	30.87	58.60	48.96	12.79	1.92	2.41	1.23	6.88	10.99	4.98	1.82
		8		9.515	7.469	0.247	34.46	67.11	54.56	14.33	1.90	2.40	1.23	7.75	12.25	5.47	1.85
		10		11.657	9.151	0.246	41.09	84.31	64.85	17.33	1.88	2.36	1.22	9.39	14.56	6.36	1.93

续上表

型号	截面尺寸 (mm)			截面面积 (cm²)	理论重量 (kg/m)	外表面积 (m²/m)	惯性矩 (cm⁴)				惯性半径 (cm)			截面模数 (cm³)			重心距离 (cm)
	b	d	r				I_x	I_{x1}	I_{x0}	I_{y0}	i_x	i_{x0}	i_{y0}	W_x	W_{x0}	W_{y0}	Z_0
7	70	4	8	5.570	4.372	0.275	26.39	45.74	41.80	10.99	2.18	2.74	1.40	5.14	8.44	4.17	1.86
		5		6.875	5.397	0.275	32.21	57.21	51.08	13.31	2.16	2.73	1.39	6.32	10.32	4.95	1.91
		6		8.60	6.406	0.275	37.77	68.73	59.93	15.61	2.15	2.71	1.38	7.48	12.11	5.67	1.95
		7		9.424	7.398	0.275	43.09	80.29	68.35	17.82	2.14	2.69	1.38	8.59	13.81	6.34	1.99
		8		10.667	8.373	0.247	48.17	91.92	76.37	19.98	2.12	2.68	1.37	9.68	15.43	6.98	2.03
7.5	75	5	9	7.412	5.818	0.295	39.97	70.56	63.30	16.63	2.33	2.92	1.50	7.32	11.94	5.77	2.04
		6		8.797	6.905	0.294	46.95	84.55	74.38	19.51	2.31	2.90	1.49	8.64	14.02	6.67	2.07
		7		10.160	7.976	0.294	53.57	98.71	84.96	22.18	2.30	2.89	1.48	9.93	16.02	7.44	2.11
		8		11.503	9.030	0.294	59.96	112.97	95.07	24.86	2.28	2.88	1.47	11.20	17.93	8.19	2.15
		9		12.825	10.068	0.294	66.10	127.30	104.71	27.48	2.27	2.86	1.46	12.43	19.75	8.89	2.18
		10		14.126	11.089	0.293	71.98	141.71	113.92	30.05	2.26	2.84	1.46	13.64	21.48	9.56	2.22
8	80	5	9	7.912	6.211	0.315	48.79	85.36	77.33	20.25	2.48	3.13	1.60	8.34	13.67	6.66	2.15
		6		9.397	7.376	0.314	57.35	102.50	90.98	23.72	2.47	3.11	1.59	9.87	16.08	7.65	2.19
		7		10.860	8.525	0.314	65.58	119.70	104.07	27.09	2.46	3.10	1.58	11.37	18.40	8.58	2.23
		8		12.303	9.658	0.314	73.49	136.97	116.60	30.93	2.44	3.08	1.57	12.83	20.61	9.46	2.27
		9		13.725	10.774	0.134	81.11	154.31	128.60	33.61	2.43	3.06	1.56	14.25	22.73	10.29	2.31
		10		15.126	11.874	0.313	88.43	171.74	140.09	36.77	2.42	3.04	1.56	15.64	24.76	11.08	2.35
9	90	6	10	10.637	8.350	0.354	82.77	145.87	131.26	34.28	2.79	3.51	1.80	12.61	20.63	9.95	2.44
		7		12.301	9.656	0.354	94.83	170.30	150.47	39.18	2.78	3.50	1.78	14.54	23.64	11.19	2.48
		8		13.944	10.946	0.353	106.47	194.80	168.97	43.97	2.76	3.48	1.78	16.42	26.55	12.35	2.52
		9		15.566	12.219	0.353	117.72	219.39	186.77	48.66	2.75	3.46	1.77	18.27	29.35	13.46	2.56
		10		17.167	13.476	0.353	128.58	244.07	203.90	53.26	2.74	3.45	1.76	20.07	32.04	14.52	2.59
		12		20.306	15.940	0.352	149.22	293.76	236.21	62.22	2.71	3.41	1.75	23.57	37.12	16.49	2.67

学习记录

续上表

型号	截面尺寸 (mm)			截面面积 (cm²)	理论重量 (kg/m)	外表面积 (m²/m)	惯性矩 (cm⁴)				惯性半径 (cm)			截面模数 (cm³)			重心距离 (cm)
	b	d	r				I_x	I_{x1}	I_{x0}	I_{y0}	i_x	i_{x0}	i_{y0}	W_x	W_{x0}	W_{y0}	Z_0
10	100	6	12	11.932	9.366	0.393	114.95	200.07	181.98	47.92	3.10	3.90	2.00	15.68	25.74	12.69	2.67
		7		13.796	10.830	0.393	131.86	233.54	208.97	54.74	3.09	3.89	1.99	18.10	29.55	14.26	2.71
		8		15.638	12.276	0.393	148.24	267.09	235.07	61.41	3.08	3.88	1.98	20.47	33.24	15.75	2.76
		9		17.462	13.708	0.392	164.12	300.73	260.30	67.95	3.07	3.86	1.97	22.79	36.81	17.18	2.80
		10		19.261	15.120	0.392	179.51	334.48	284.68	74.35	3.05	3.84	1.96	25.06	40.26	18.54	2.84
		12		22.800	17.898	0.391	208.90	402.34	330.95	86.84	3.03	3.81	1.95	29.48	46.80	21.08	2.91
		14		26.256	20.611	0.391	236.53	470.75	374.06	99.00	3.00	3.77	1.94	33.73	52.90	23.44	2.99
		16		29.627	23.257	0.390	262.53	539.80	414.16	110.89	2.98	3.74	1.94	37.82	58.57	25.63	3.06
11	110	7	14	15.196	11.928	0.433	177.16	310.64	280.94	73.38	3.41	4.30	2.20	22.05	36.12	17.51	2.96
		8		17.238	13.535	0.433	199.46	355.20	316.49	82.42	3.40	4.28	2.19	24.95	40.69	19.39	3.01
		10		21.261	16.690	0.432	242.19	444.65	384.39	99.08	3.38	4.25	2.17	30.60	49.42	22.91	3.09
		12		25.200	19.782	0.431	282.55	534.60	448.17	116.93	3.35	4.22	2.15	36.05	57.62	26.15	3.16
		14		29.056	22.809	0.431	320.71	625.16	508.01	133.10	3.32	4.18	2.14	41.31	65.31	29.14	3.24
12.5	125	8	14	19.750	15.504	0.492	297.03	521.01	470.89	123.16	3.88	4.88	2.50	32.52	53.28	25.86	3.37
		10		24.373	19.133	0.491	361.67	651.93	573.89	149.46	3.85	4.85	2.48	39.97	64.93	30.62	3.45
		12		28.912	22.696	0.491	423.16	783.42	671.44	174.88	3.83	4.82	2.46	41.17	75.96	35.03	3.53
		14		33.367	26.193	0.490	481.65	915.61	763.73	199.57	3.80	4.78	2.45	54.16	86.41	39.13	3.61
		16		37.739	29.625	0.489	537.31	1048.62	850.98	223.65	3.77	4.75	2.43	60.93	96.28	42.96	3.68
14	140	10	14	27.373	21.488	0.551	514.65	915.11	817.27	212.04	4.34	5.46	2.78	50.58	82.56	39.20	3.82
		12		32.512	25.522	0.551	603.68	1099.28	958.79	248.57	4.31	5.43	2.76	59.80	96.85	45.02	3.90
		14		37.567	29.490	0.550	688.81	1284.22	1093.56	284.06	4.28	5.40	2.75	68.75	110.47	50.45	3.98
		16		42.539	33.393	0.549	770.24	1470.07	1221.81	318.67	4.26	5.36	2.74	77.46	123.42	55.55	4.06

续上表

型号	截面尺寸 (mm) b	d	r	截面面积 (cm²)	理论重量 (kg/m)	外表面积 (m²/m)	惯性矩 (cm⁴) I_x	I_{x1}	I_{x0}	I_{y0}	惯性半径 (cm) i_x	i_{x0}	i_{y0}	截面模数 (cm³) W_x	W_{x0}	W_{y0}	重心距离 (cm) Z_0
15	150	8	14	23.750	18.644	0.592	521.37	899.55	827.49	215.25	4.69	5.90	3.01	47.36	78.02	38.14	3.99
		10		29.373	23.058	0.591	637.50	1125.09	1012.79	262.21	4.66	5.87	2.99	58.35	95.49	45.51	4.08
		12		34.912	27.406	0.591	748.85	1351.26	1189.97	307.73	4.63	5.84	2.97	69.04	112.19	52.38	4.15
		14		40.367	31.688	0.590	855.64	1578.25	1359.30	351.98	4.60	5.80	2.95	79.45	128.16	58.83	4.23
		15		43.063	33.804	0.590	907.39	1692.10	1441.09	373.69	4.59	5.78	2.95	84.56	135.87	61.90	4.27
		16		45.739	35.905	0.589	958.08	1806.21	1521.02	395.14	4.58	5.77	2.94	89.59	143.40	64.89	4.31
16	160	10	16	31.502	24.729	0.630	779.53	1365.33	1237.30	321.76	4.98	6.27	3.20	66.70	109.36	52.76	4.31
		12		37.441	29.391	0.630	916.58	1639.57	1455.68	377.49	4.95	6.24	3.18	78.98	128.67	60.74	4.39
		14		48.896	38.987	0.629	1048.36	914.68	1665.02	431.70	4.92	6.20	3.16	90.95	147.17	68.24	4.47
		16		49.067	38.518	0.629	1175.08	2190.82	1865.57	484.59	4.89	6.17	3.14	102.63	164.89	75.31	4.55
18	180	12	16	42.241	33.159	0.710	1321.35	332.80	2100.10	542.61	5.59	7.05	3.58	100.82	165.00	78.41	4.89
		14		48.896	38.383	0.709	1514.48	2723.48	2407.42	621.53	5.56	7.02	3.56	116.25	189.14	88.38	4.97
		16		55.467	43.542	0.709	1700.99	3115.29	2703.37	698.60	5.54	6.98	3.55	131.13	212.40	97.83	5.05
		18		61.055	48.634	0.708	1875.12	3502.43	2988.24	762.01	5.50	6.94	3.51	145.64	234.78	105.14	5.13
20	200	14	18	54.642	42.894	0.788	2103.55	3734.10	3343.26	863.83	6.20	7.82	3.98	144.70	236.40	111.82	5.46
		16		62.013	48.680	0.788	2366.15	4270.39	3760.89	971.41	6.18	7.79	3.96	163.65	265.93	123.96	5.54
		18		69.301	54.401	0.787	2620.64	4808.13	4164.54	1076.74	6.15	7.75	3.94	182.22	294.48	135.52	5.62
		20		76.505	60.056	0.787	2867.30	5347.51	4554.55	1180.04	6.12	7.72	3.93	200.42	322.06	146.55	5.69
		24		90.661	71.168	0.785	3338.25	6457.16	5294.97	1381.53	6.07	7.64	3.90	236.17	374.41	166.65	5.87

学习记录

续上表

型号	截面尺寸 (mm)			截面面积 (cm²)	理论重量 (kg/m)	外表面积 (m²/m)	惯性矩 (cm⁴)				惯性半径 (cm)			截面模数 (cm³)			重心距离 Z_0 (cm)
	b	d	r				I_x	I_{x1}	I_{x0}	I_{y0}	i_x	i_{x0}	i_{y0}	W_x	W_{x0}	W_{y0}	Z_0
22	220	16	21	68.664	53.901	0.866	3187.36	5681.62	5036.73	1310.99	6.81	8.59	4.37	199.55	325.51	153.81	6.03
		18		76.752	60.250	0.866	3534.30	6395.93	5615.32	1453.27	6.79	8.55	4.35	222.37	360.97	168.29	6.11
		20		84.756	66.533	0.865	3871.49	7112.04	6150.08	1592.90	6.76	8.52	4.34	244.77	395.34	182.16	6.18
		22		92.676	72.751	0.865	4199.23	7830.19	6668.37	1730.10	6.73	8.48	4.32	266.78	428.66	195.45	6.26
		24		100.512	78.902	0.864	4517.83	8550.57	7170.55	1865.11	6.70	8.45	4.31	288.39	460.94	208.21	6.33
		28		108.264	84.987	0.864	4827.58	9273.39	7656.98	1998.17	6.68	8.41	4.30	309.62	492.21	220.49	6.41
25	250	18	24	87.842	68.956	0.985	5268.22	9379.11	8369.04	2167.41	7.74	9.76	4.97	290.12	473.42	224.03	6.84
		20		97.045	76.180	0.984	5779.34	10426.97	9181.94	2376.74	7.72	9.73	4.95	319.66	519.41	424.85	6.92
		24		115.201	90.433	0.983	6763.93	12529.74	10742.67	2785.19	7.66	9.66	4.92	377.34	607.70	278.38	7.07
		26		124.154	97.461	0.982	7238.08	13585.18	11491.33	2984.84	7.63	9.62	4.90	405.50	650.05	295.19	7.15
		28		133.022	104.422	0.982	7700.60	14643.62	12219.62	3181.81	7.61	9.58	4.89	433.22	691.23	311.42	7.22
		30		141.807	111.318	0.981	8151.80	15705.30	12927.26	3376.34	7.58	9.55	4.88	450.51	731.28	327.12	7.30
		32		150.508	118.149	0.981	8592.01	16770.41	13615.32	3568.71	7.56	9.51	4.87	487.39	770.20	342.23	7.37
		35		163.402	128.271	0.980	9232.44	18374.95	14611.16	3853.72	7.52	9.46	4.86	526.97	826.53	364.30	7.48

习题参考答案

第一章　绪　　论

1-1　略

1-2　$\varepsilon = 2.5 \times 10^{-4}, \gamma = 2.5 \times 10^{-4} \text{rad}$

1-3　$\varepsilon_r = 3.75 \times 10^{-5}, \varepsilon_t = 3.75 \times 10^{-5}$

第二章　轴向拉伸与压缩

2-1　略

2-2　$F_{N1} = -20\text{kN}, \sigma_1 = -50\text{MPa}; F_{N2} = -10\text{kN}, \sigma_2 = -25\text{MPa}; F_{N3} = 10\text{kN}, \sigma_3 = 25\text{MPa}$

2-3　(1)轴力图(略)。

(2) a) $\sigma_{AB} = 95.5\text{MPa}, \sigma_{BC} = 113\text{MPa}$, b) $\sigma_{AC} = 31.8\text{MPa}; \sigma_{CB} = 127\text{MPa}$; c) $\sigma_{AC} = -2.5\text{MPa}$, $\sigma_{CB} = -6.5\text{MPa}$

(3) a) $\Delta l = 1.06\text{mm}$, b) $\Delta l = -1.35\text{mm}$, c) $\Delta l = 0.075\text{mm}$

2-4　$[F] = 40.4\text{kN}$

2-5　$\sigma = 125\text{MPa}$。

2-6　$d \geqslant 22.6\text{m}$

2-7　$A_1 = 5\text{cm}^2, A_2 = 14.1\text{cm}^2, A_3 = 25\text{cm}^2$

2-8　$d_{BC} \geqslant 17.2\text{mm} \quad d_{AB} \geqslant 17.2\text{mm}$

2-9　$\overline{BB_3} = \sqrt{(\overline{B_1B_3})^2 + (\overline{BB_1})^2} = 1.78 \times 10^{-3}\text{m}$

2-10　$\sigma = 28.9\text{MPa} < [\sigma] = 100\text{MPa} \qquad \sigma_c = 141\text{MPa} < [\sigma_c] = 200\text{MPa}$

$\tau = 105.8\text{MPa} < [\tau] = 140\text{MPa} \qquad \sigma_c = 141\text{MPa} < [\sigma_c] = 320\text{MPa}$

2-11　$[F_p] = 292\text{kN}$

2-12　$\tau = 0.952\text{MPa} \qquad \sigma_{bs} = 7.41\text{MPa}$

2-13　$F \geqslant 177\text{N} \qquad \tau = 17.6\text{MPa}$

第三章　扭　　转

3-1　略

3-2　略

3-3　$T_{max} = 1\text{kN} \cdot \text{m};$最大负扭矩 $T = 0.6\text{kN} \cdot \text{m}$

3-4 $\tau_{\max} = \dfrac{16m}{\pi d_2^3}$

3-5 $\tau_{\max} = 46.6\text{MPa}; P = 71.8\text{kW}$

3-6 $\tau_{\text{外}}^{AC} = \dfrac{T}{I_{P1}} \cdot \dfrac{D}{2} = 37.5 \times 10^6 \text{Pa} = 37.5\text{MPa}$

$\tau_{\text{内}}^{CB} = \dfrac{T}{I_{P2}} \cdot \dfrac{d}{2} = 31.2 \times 10^6 \text{Pa} = 31.2\text{MPa}$

$\tau_{\text{外}}^{CB} = \dfrac{T}{I_{P2}} \cdot \dfrac{D}{2} = 46.8 \times 10^6 \text{Pa} = 46.8\text{MPa}$

3-7 $\tau_{\max} = 19.25\text{MPa}$

3-8 AE 段 $\tau_{\max} = 43.8\text{MPa}, \varphi = 0.44°/\text{m};$

BC 段 $\tau_{\max} = 71.3\text{MPa}, \varphi = 1.02°/\text{m}$

3-9 $\tau_{1,\max} = 64.8\text{MPa}; \tau_{2,\max} = 71.3\text{MPa}$

3-10 $\varphi_{BC} = -0.17 \times 10^{-3} \text{rad}$

3-11 $d \leqslant 62.75\text{mm}$

第四章 弯曲内力分析

4-1

a)

A 截面: $F_S = 0, M = \dfrac{F_P l}{2}, C$ 截面: $F_S = 0, M = \dfrac{F_P l}{2}$

D 截面: $F_S = -F_P, M = \dfrac{F_P l}{2}; B$ 截面: $F_S = -F_P, M = 0$

b)

A 截面: $F_S = -2F_P, M = F_P l; C$ 截面: $F_S = -2F_P, M = 0; B$ 截面: $F_S = F_P, M = 0$

4-2

a)

A 截面: $F_S = \dfrac{5}{3}qa \quad M = 0; C$ 截面: $F_S = \dfrac{5}{3}qa; M = \dfrac{7}{6}qa^2; B$ 截面: $F_S = -\dfrac{1}{3}qa, M = 0$

b)

A 截面: $F_S = \dfrac{1}{2}ql, M = -\dfrac{3}{8}qa^2; C$ 截面: $F_S = \dfrac{1}{2}ql, M = -\dfrac{1}{8}qa^2$

D 截面: $F_S = \dfrac{1}{2}ql, M = -\dfrac{1}{8}qa^2$

B 截面: $F_S = 0, M = 0$

4-3

a) $|F_S|_{max} = 200N$, $|M|_{max} = 950N \cdot m$

b) $|F_S|_{max} = \dfrac{8}{3}kN$, $|M|_{max} = \dfrac{16}{45}kN \cdot m$

4-4

a) $|F_S|_{max} = 50N$, $|M|_{max} = 10N \cdot m$

b) $|F_S|_{max} = qa + \dfrac{qa^2}{2l}$, $|M|_{max} = \dfrac{qa^2}{2}$

4-5

a) $|F_S|_{max} = 2P$, $|M|_{max} = 3Pa$

b) $|F_S|_{max} = -2qa$, $|M|_{max} = qa^2$

4-6

a) $|F_S|_{max} = \dfrac{5}{4}qa$, $|M|_{max} = \dfrac{3}{4}qa^2$

b) $|F_S|_{max} = \dfrac{5}{4}qa$, $|M|_{max} = qa^2$

4-7

a) $F_{RA} = \dfrac{4}{3}kN$, $F_{RB} = 6kN$, $F_{RD} = \dfrac{10}{3}kN$

b) $F_{RA} = 75kN$, $F_{RC} = 25kN$, $M_A = -200kN \cdot m$

4-8 略

第五章 弯曲应力分析

5-1 $\sigma_A = 2.54MPa$, $\sigma_B = -1.62MPa$

5-2 $h = 416mm$, $b = \dfrac{2}{3}h = 277mm$

5-3 平放 $\sigma_{max} = 3.91MPa$, 竖放 $\sigma_{max} = 1.95MPa$

5-4 $[q] = 15.68kN/m$

5-5 选择 120a 工字钢

5-6 $M_{max} = 1.25kN \cdot m$, $F_{smax} = 5kN$, $\sigma_{max} = 102MPa$

5-7 $\sigma_{max} = 142MPa$, $\tau_{max} = 18.1MPa$

5-8 $\sigma_{t,max} = 60.2MPa > [\sigma]$

第六章 弯曲变形分析

6-1 略

6-2

a) $\theta_A = 0, w_c = \dfrac{2qa^4}{3EI}$

b) $\theta_A = \dfrac{ql^3}{48EI}, w_c = \dfrac{ql^4}{128EI}$

6-3

a) $w_A = -\dfrac{Fl^3}{6EI}, \theta_B = -\dfrac{9Fl^2}{8EI}$

b) $w_A = -\dfrac{Fa}{6EI}(3b^2 + 6ab + 2a^2), \theta_B = \dfrac{Fa(2b+a)}{2EI}$

6-4

a) $w_C = \dfrac{qal^2}{8EI}(l + 2a), \theta_C = -\dfrac{ql^2}{8EI}(l + 4a)$

b) $w_C = -\dfrac{qa^4}{6EI}, \theta_C = -\dfrac{5qa^3}{24EI}$

6-5 $w_D = -\dfrac{5Fa^3}{6EI}$

6-6 $w_C = 0.0246\text{mm}$, 刚度安全

6-7 $d \geqslant 0.1117\text{m}$, 取 $d = 112\text{mm}$

6-8   22a 号槽钢

第七章　应力状态与强度理论

7-1　略

7-2

a)

$\sigma_{30°} = 20.18\text{MPa}, \tau_{30°} = 31.65\text{MPa}$

$\sigma_1 = 57.02\text{MPa}, \sigma_2 = 0, \sigma_3 = -7.02\text{MPa}$

$\alpha_0 = -19.33°, \tau_{\max} = 32.04\text{MPa}$

b)

$\sigma_{30°} = -21.65\text{MPa}, \tau_{30°} = 12.5\text{MPa}$

$\sigma_1 = 25\text{MPa}, \sigma_2 = 0, \sigma_3 = -25\text{MPa}$

$\alpha_0 = -45°, \tau_{\max} = 25\text{MPa}$

c)

$\sigma_{30°} = -0.36\text{MPa}, \tau_{30°} = -28.66\text{MPa}$,

$\sigma_1 = 11.23\text{MPa}, \sigma_2 = 0, \sigma_3 = -71.23\text{MPa}$,

$\alpha_0 = 52.02°, \tau_{\max} = 41.23\text{MPa}$

d)

$\sigma_{30°} = -37.32\text{MPa}, \tau_{30°} = 44.64\text{MPa},$

$\sigma_1 = 4.72\text{MPa}, \sigma_2 = 0, \sigma_3 = -84.72\text{MPa},$

$\alpha_0 = -13.28°, \tau_{max} = 44.72\text{MPa}$

7-3

a)$\sigma_\alpha = 37.5\text{MPa}, \tau_\alpha = 38.97\text{MPa}$

b)$\sigma_\alpha = 49.05\text{MPa}, \tau_\alpha = 10.98\text{MPa}$

c)$\sigma_\alpha = -5.98\text{MPa}, \tau_\alpha = 19.64\text{MPa}$

d)$\sigma_\alpha = 0, \tau_\alpha = 30\text{MPa}$

7-4 $|\tau_\theta| = 1.55\text{MPa} > 1\text{MPa},$ 不满足

7-5

1 点 $\sigma_1 = \sigma_2 = 0, \sigma_3 = -120\text{MPa};$ 2 点 $\sigma_1 = 36\text{MPa}, \sigma_2 = 0, \sigma_3 = -36\text{MPa};$

3 点 $\sigma_1 = 36\text{MPa}, \sigma_2 = 0, \sigma_3 = -36\text{MPa},$ 4 点 $\sigma_1 = 120\text{MPa}; \sigma_2 = \sigma_3 = 0$

7-6 $\sigma_{40°} = -1.07\text{MPa} \quad \tau_{40°} = -0.431\text{MPa}$

7-8 $d \geqslant 0.0376\text{m} = 37.6\text{mm}$

第八章　组　合　变　形

8-1 $(1)\sigma_{max} = 9.88\text{MPa}, (2)\sigma_{tmax} = 10.5\text{MPa}$

8-2 $F = -(\varepsilon_A + \varepsilon_B)Ea^3/12l, M = (\varepsilon_B - \varepsilon_A)Ea^3/12$

8-3 $F = 24.9\text{kN}$

8-4 $\sigma_{t,max} = 5.09\text{MPa}, \sigma_{t,max} = 5.29\text{MPa}$

8-5 $P = 788\text{N}$

8-6 $54.8\text{MPa} < [\sigma] = 80\text{MPa}$

8-7 $\sigma_{r3} = 132\text{MPa}$

第九章　压杆的稳定问题

9-1 3293kN

9-2 $(F_{cr})_1 = 2540\text{kN}, (F_{cr})_2 = 4710\text{kN}, (F_{cr})_3 = 4830\text{kN}$

9-3 矩形:实心圆:正方形:空心圆为:$1:1.91:2.0:5.6$

9-4

$(1)F_{Pcr} = 118\text{kN};$

$(2)n_w = 1.685,$ 不安全;

$(3)F_{Qcr} = 73.5\text{kN}$

9-5 $n = \dfrac{F_{cr}}{F} = \dfrac{2060}{362} = 5.69$

9-6 安全

9-7 $[F_p] = 5.1$kN/m

9-8 $a = 44$mm, $F_{cr} = 444$kN

9-9 $[P] = 15.5$kN

9-10 梁 $n = 3.03$,柱 $n = 2.31$

参 考 文 献

[1] 刘鸿文.材料力学[M].5 版.北京:高等教育出版社,2011.

[2] 范钦珊.材料力学[M].北京:高等教育出版社,2005.

[3] 范钦珊.工程力学[M].北京:清华大学出版社,2005.

[4] 祝瑛.工程力学[M].北京:北京交通大学出版社,2010.